AF465554

V

RAPPORT
ET PROCÈS-VERBAL
DES OPÉRATIONS

DE LA COMMISSION envoyée à Caen, en floréal an 6, par le Ministre de l'intérieur, en vertu d'un arrêté du Directoire exécutif du 17 germinal, pour examiner les travaux entrepris sur la rivière d'Orne, sous les murs de Caen, ainsi que les dépenses auxquelles ils ont donné lieu, et les moyens que l'on peut employer pour reprendre ces travaux et les conduire à leur perfection.

ARRÊTÉ du Directoire qui nomme cette Commission et détermine les objets de son travail.

EXTRAIT des Registres du Directoire exécutif, du 17 germinal, an 6 de la République française.

LE DIRECTOIRE EXÉCUTIF, vu le rapport du Ministre de l'intérieur sur l'état dans lequel se trouvent les travaux entrepris sur la rivière d'Orne, sous les murs de la commune de Caen, département du Calvados, ensemble les pièces à l'appui, et particulièrement le Message fait par le Conseil des Cinq-cents sur cet objet; considérant

A

que ces travaux sont d'un intérêt majeur pour la République, et qu'il importe de constater l'état de dégradation dans lequel ils se trouvent; la véritable cause de cet état, ainsi que les moyens qu'il convient de prendre pour s'opposer aux progrès du mal, ARRÊTE ce qui suit :

ARTICLE PREMIER.

Les C.[ens] *Pitrou*, ingénieur en chef des ponts et chaussées du département de la Manche; *Gayant*, ingénieur de la marine, à Cherbourg; et *Jallier*, architecte des bâtimens civils, se rendront dans le plus court délai à Caen, pour prendre connaissance de tous les plans et projets concernant les travaux de l'Orne; examiner dans le plus grand détail les comptes des dépenses auxquelles ils ont donné lieu, jusqu'à l'époque où ils ont été suspendus, et proposer les moyens les plus convenables pour les reprendre et les conduire à leur perfection. A l'effet de quoi, ils se concerteront avec l'administration centrale du Calvados, et dresseront du tout procès-verbal, pour être remis au Ministre de l'intérieur, qui en fera son rapport au Directoire exécutif.

II.

Le Ministre de l'intérieur est chargé de l'exécution du présent arrêté.

Signé, &c.

Pour copie conforme, *signé* LETOURNEUX.

L'AN sixième de la République française, le vingtième du mois de floréal, les commissaires nommés ci-dessus, réunis à Caen en conformité de l'arrêté du Directoire exécutif, se rendirent à l'administration départementale du Calvados, établie dans la ci-devant abbaye aux Hommes, rue de l'Union, pour lui communiquer l'objet de leur mission. Cette administration, qui en était déjà prévenue par le Ministre de l'intérieur, après avoir transcrit sur ses registres l'arrêté du Directoire, et les lettres du Ministre adressées en particulier à chacun des commissaires, leur fit préparer, dans le bâtiment qu'elle occupe, un local garni des objets utiles à leur travail, donna ordre qu'on leur transmît toutes les pièces relatives à cette affaire déposées dans ses archives, et leur désigna en même temps le C.en Lejeune, un de ses membres, administrateur des travaux publics, pour correspondre plus particulièrement avec eux, suivre leur travail, et leur donner tous les renseignemens dont ils pourraient avoir besoin.

La Commission, ayant en conséquence pris possession du local qui lui était assigné, commença son travail par la lecture réfléchie de l'arrêté du Directoire, dans lequel elle observa que l'ordre à suivre dans sa besogne s'y trouvait parfaitement tracé, et qu'il consistait en trois objets distincts :

1.° *Prendre connaissance de tous les plans et projets concernant les travaux de l'Orne.*

2.° *Examiner, dans le plus grand détail, les comptes des dépenses auxquelles ils ont donné lieu jusqu'à l'époque où ils ont été suspendus.*

3.° *Proposer les moyens les plus convenables pour les reprendre et les conduire à leur perfection.*

Cette division ayant donc formé naturellement celle de son travail, il se trouve par conséquent composé de trois parties.

La première est consacrée au récit historique de la connaissance qu'elle a prise de tous les plans et projets relatifs aux travaux entrepris sur la rivière d'Orne : elle comprend sur-tout, dans le plus grand détail, la description de celui dont les constructions ont été commencées et conduites à près de la moitié de leur exécution, sur les dessins du C.[en] Lefebvre, alors ingénieur en chef de la ci-devant généralité de Caen, dont l'examen forme essentiellement l'objet de la mission des commissaires, qui ont joint les plans nécessaires pour en faciliter l'intelligence.

La seconde partie embrasse toute la comptabilité; ce qui comprend la revue de tous les états de situation, et de leurs pièces justificatives, pendant huit ans de travaux; le toisé et la vérification faite sur place, de toutes les constructions qui existent, ainsi que de celles qui sont tombées; leur comparaison avec les demandes de l'entrepreneur; l'examen et l'appréciation de ses réclamations; la lecture discutée de la multitude de rapports des divers ingénieurs chargés à différentes époques d'en prendre connaissance; enfin, un compte nouveau et général, dressé dans le plus grand détail et avec l'exactitude la plus scrupuleuse, de tout ce qui a été exécuté, soit dans les parties données en adjudication, soit dans celles commandées par le département; travail immense, que la Commission a été forcée d'entreprendre par les différences trouvées entre les dimensions réelles et celles portées aux états de situation, les inexactitudes et les erreurs que contiennent les états et les autres pièces servant à l'apurement des comptes de cette épineuse affaire.

La troisième contient la description de l'état de situation actuel des portions du plan du C.[en] Lefebvre qui sont exécutées, les causes de leur dégradation, la discussion des projets proposés pour y remédier et empêcher qu'il n'en survienne de nouvelles; les moyens de consolider et tirer parti des constructions qui existent, soit en continuant ce qui est commencé, soit en l'adaptant à un nouveau système; enfin, l'opinion de la Commission sur les projets tendant à faire mouiller en sûreté toutes sortes de vaisseaux, jusqu'à ceux de guerre de second rang, dans la baie de Colleville, et les moyens de donner à Caen un port stable, et susceptible de recevoir sous ses murs les plus gros bâtimens de commerce.

Un tableau général des opérations de la Commission termine cette partie et fait la clôture de son travail.

PREMIÈRE PARTIE.

Prendre connaissance de tous les plans et projets concernant la rivière d'Orne.

Le premier soin de la Commission, avant de commencer son travail intérieur, a été de se transporter sur le port de Caen, pour prendre connaissance par elle-même des travaux exécutés et de leur situation. Elle en a trouvé l'aspect affligeant pour les amis de la chose publique. Elle a vu avec douleur, de vastes ouvrages commencés d'après des principes vicieux, et malgré les funestes événemens qui, dès leur origine, en ont été les suites, continués sur les mêmes bases; de larges canaux creusés à grands frais, déjà à moitié remplis de vase; de longs murs destinés à soutenir le poids de fortes masses de terre, chargés à peine d'une partie de ce fardeau, ployés et déversés dans l'étendue de plusieurs centaines de toises; d'autres tombés en arrivant à leur hauteur; la majeure partie en bâtisse médiocre, les paremens du devant seuls soignés, ceux de derrière formés de petits moellons dont les boutisses ont à peine un pied; des piles pour un pont tournant, d'un système de charpente si peu solide, qu'on propose d'en étayer les volées avant qu'elles soient posées : enfin trois cent soixante-quatorze toises de murs de quai devaient être montées à leur hauteur en septembre 1791; on a porté ces murs, à la vérité, à deux cent quatre-vingt-quatorze toises de plus, sur onze pieds de haut, mais aucune partie n'est arrivée à vingt pieds, terme de sa perfection.

Tel est le spectacle que présentent les travaux entrepris sous les PLAN N.° 1, murs de Caen : c'est du prix de cette déplorable besogne que les entrepreneurs demandent le paiement, déja en grande partie effectué, et ils réclament en outre de forts dédommagemens.

Quelles que soient les idées que ce tableau fasse naître, on verra, par le travail de la Commission, qu'elles n'ont influé en rien sur son examen; et que s'il a été dirigé, comme il a dû l'être, par une justice sévère, au moins ne porte-t-il aucune teinte de la prévention défavorable qu'excite involontairement l'état de cette malheureuse entreprise.

La Commission, après cette visite, étant de retour au département, le C.en Lejeune, conformément à l'ordre donné par l'administration départementale, de remettre à la Commission toutes les pièces concernant les travaux de la rivière d'Orne déposées dans ses archives ou bureaux, lui fit apporter une multitude de cartons, paquets et liasses, composés de plans, élévations, coupes, profils, arrêtés, rapports, mémoires, lettres et autres papiers, au nombre d'environ onze cents. L'administration ayant aussi invité en même temps l'ingénieur en chef du département, le C.en Cachin, à communiquer à la Commission les plans, devis, détails et autres pièces qu'il pouvait avoir dans ses bureaux, il lui en fit la remise sur sa reconnaissance : ces pièces, jointes à celles apportées de Paris par un des commissaires, portèrent à plus de treize cents le nombre des objets que la Commission a eu à examiner, et de la plupart desquels il a fallu faire des extraits plus ou moins détaillés.

C'est de ce chaos qui a coûté à la Commission un mois et demi de travail à débrouiller, classer et extraire, que sont tirées presque toutes les connaissances qu'elle a acquises sur les travaux entrepris, à différentes époques, pour la navigation de la rivière d'Orne, et en particulier sur ceux exécutés en dernier lieu pour le port de Caen dont elle vient de parler, et dont cette partie contient l'historique, ainsi que de ceux qui les ont précédés.

Cette ville, bâtie entre deux vastes prairies, produits d'alluvions, et dont l'une s'étend jusqu'à la mer, voit ses murs baignés par la rivière d'Orne, qui, serpentant entre deux rangs de collines, au milieu de ces prairies qu'elle a formées, va jeter ses eaux dans la mer, à trois lieues au-dessous de Caen, au pied du village de Sallenelle, et près de la baie de Colleville, située à huit lieues du Havre et trente de Portsmouth.

Cette rivière, au moyen de la marée, qui remonte jusques à Caen, reçoit des bâtimens du port de cent à cent cinquante tonneaux, vulgairement appelés caboteurs, qui arrivent jusque sous les murs de cette ville.

Les avantages que le commerce retire de cette position, ont fait essayer depuis long-temps les moyens de les augmenter; et le récit des tentatives inutiles que trois siècles ont vu faire pour y parvenir, est malheureusement celui de presque toutes les entreprises utiles proposées en France avant la révolution.

Les premiers travaux exécutés pour perfectionner la navigation de la rivière d'Orne, remontent au seizième siècle, que le gouvernement fit redresser son cours sur une étendue de six cent seize toises, à l'entrée du village de Longuevalle, au-dessus de Caen : mais les projets d'alors ne consistaient qu'à essayer de rendre cette rivière propre au flottage dans sa partie supérieure, en remontant de Caen à Argentan ; il n'était point du tout question de son cours depuis Caen jusqu'à la mer. Au reste, malgré le succès de ce léger essai, il fut presque aussitôt abandonné qu'entrepris.

Ce projet reparut cependant sur la fin du même siècle, sous Henri IV; on fit même quelques vérifications, toujours dans la partie supérieure du cours de l'Orne : mais ces opérations ne produisirent, pour tout effet, qu'un rapport au Conseil, qui déclarait qu'avec peu de dépense on parviendrait à rendre aussi cette partie de l'Orne navigable ; mais cet effort du Gouvernement en faveur du commerce n'eut pas d'autres suites, et il en resta là.

Ce n'est donc qu'en 1679, que le célèbre Vauban, dans la visite qu'il fit de toutes les côtes de France, conçut le parti que l'on pouvait tirer de la partie inférieure de l'Orne; non-seulement il fit le projet de son redressement jusqu'à la mer, mais même, en vertu de lettres patentes, il mit la main à l'œuvre et lui fit creuser un nouveau lit, depuis les carrières de Ranville jusqu'au moulin de Clopée : ses grandes pensées embrassant en même temps tout le cours de l'Orne, il allait reprendre les travaux commencés dans sa partie supérieure du côté d'Argentan sous François I.er, et tout en présageait les plus heureux succès, lorsque la mort de Colbert arrêta tout et fit encore abandonner cette entreprise.

Elle était dans l'oubli depuis près de soixante ans, quand un homme de lettres nommé Lalonde, réveilla, en 1740, l'attention du Gouvernement et celle de ses concitoyens, sur les avantages immenses que produirait la reprise des travaux de l'Orne, tant au-dessus qu'au-dessous de Caen, et sur-tout par la création d'un port accessible aux vaisseaux dans la baie d'Oystreham; idée que l'on croit encore appartenir au célèbre Vauban.

Ce bon citoyen était parvenu à exciter l'enthousiasme et des commerçans et du Gouvernement, qui en accueillit les projets avec chaleur, lorsqu'une guerre se déclara; et tout fut oublié.

Plusieurs années après, quelqu'un sollicita le Ministre de la marine, Maurepas, de s'occuper de ce projet ; il envoya en conséquence un minéralogiste, le C.en Duhamel, examiner le cours de l'Orne, et constater la possibilité de former un établissement maritime à son embouchure. Il paraît que ses pouvoirs étaient infiniment circonscrits, puisque le résultat de sa mission n'aboutit qu'à proposer de faire des sondes dans la baie d'Oystreham, pour connaître la nature du terrain et l'élévation des marées dans les grandes vives eaux, afin de savoir si la différence entre les hautes et basses eaux était de vingt-six degrés, hauteur à laquelle il fixait la possibilité d'établir un bassin capable de recevoir des bâtimens de guerre.

Cette opération eut le même sort que les précédentes, sans qu'on en ait jamais su les motifs.

Mais les habitans de la commune de Caen, lassés apparemment des promesses stériles du Gouvernement, prirent le parti de faire faire des plans à leurs frais ; un ingénieur nommé Bourroul, leva pour eux celui du cours de la rivière d'Orne dans toute son étendue, composa les projets, dressa les devis et rédigea les mémoires.

Ils firent plus; ils formèrent une compagnie qui proposa au Gouvernement, en 1750, de faire exécuter à ses dépens tous les ouvrages relatifs à la navigation de la rivière d'Orne, ainsi que d'indemniser tous les propriétaires riverains à qui cette opération pourrait nuire, à la condition seulement de jouir, sur les marchandises qui circuleraient par cette voie, d'un droit de passe combiné de manière que les frais de transport, réunis à ce droit, ne pussent égaler que la moitié des frais que le transport par terre, pour les mêmes distances, aurait coûté. Leurs propositions, quelque avantageuses qu'elles fussent à l'intérêt public, n'en eurent pas plus de succès, et le Gouvernement n'en fit aucun état.

Vingt ans après, l'ingénieur en chef Viallet, homme de mérite, reprit encore les plans des travaux de l'Orne; il projeta d'en redresser le lit aux abords de Caen, et de faire un port sous ses murs. Il avait reconnu les grands inconvéniens que produisent les bancs de sable mobiles qui obstruent l'embouchure de cette rivière, et il en voulait rendre l'accès plus facile en détournant son cours et le faisant déboucher dans la baie d'Oystreham; il en avait fait tous les projets, qu'il s'occupait à perfectionner lorsque la mort l'enleva à ses travaux.

On a vu dans ce qui précède, et on va voir par ce qui suit, que s'il semble qu'un génie malfaisant se soit plu à renverser tous les plans projetés pour le port de Caen, il n'a pas fait plus de grâce à celui qui a eu les honneurs de l'exécution.

L'ingénieur Viallet eut pour successeur le C.en Lefebvre, qui, héritant des idées créées par son devancier, leur donna une immense extension, et, plus heureux que ses prédécesseurs, les fit enfin adopter, et commença en 1781, par la fouille d'un nouveau lit pour la rivière descendant de Caen au hameau de Clopée, l'exécution d'un vaste plan dont les travaux furent suspendus en l'an 3 de la République, et dont une partie, après avoir menacé ruine pendant quelque temps, s'est malheureusement écroulée l'année d'ensuite.

Ce sont ces travaux que la Commission a à examiner.

D'après les plans qu'elle a recueillis, et dont copie de ce qui est exécuté est jointe à cette partie du procès-verbal, et qu'il faut avoir sous les yeux pour son intelligence, on voit que le projet du C.en Lefebvre, agréé en 1780 par l'administration des ponts et chaussées, est composé de trois parties : l'une contenant les ouvrages à faire dans la rade de Colleville, pour y former la nouvelle embouchure de l'Orne ; la seconde, les fouilles nécessaires pour le redressement du cours de cette rivière; et la troisième, les travaux qu'exige le nouveau port de Caen, dessinés sous le n.° 2.

La nouvelle embouchure que présente la première partie du projet de feu Viallet, agrandie par le C.en Lefebvre, serait située au centre de la baie de Colleville, et aurait à sa gauche le village d'Oystreham, depuis lequel, jusqu'à la baie de Colleville, sont projetés tous les ouvrages dont on va voir la description.

Cette baie, dont le fond est de glaise couverte d'une couche de sable, est abritée à l'ouest par les essarts de Bernière et les rochers de Colleville, qui brisent les vagues et font réagir les courans des marées montantes de manière à garantir la baie de l'agitation des flots, et du dépôt des alluvions que les courans entraînent au loin dans la partie de l'est. Cette rade retient au pied des rochers, basse mer des vives eaux, quatre brasses et demie, ou 7m. 3035, et cette profondeur augmente rapidement en s'éloignant du rivage.

Sur la gauche, en descendant de Caen, le dernier village qui borde la côte en tournant du côté de Colleville, est celui d'Oystreham. Il domine, sur la droite, une vaste plage formée de bancs de sable mobiles que la marée couvre deux fois par jour, et que l'Orne sillonne, après s'être divisé en plusieurs branches pour venir se perdre dans la mer. Au-dessous de ce village est une prairie bordée par des dunes, et qui s'étend à gauche jusqu'à la baie de Colleville : c'est dans cette prairie, à partir d'environ un quart de lieue au-dessus d'Oystreham, que le C.en Lefebvre fait arriver par un nouveau canal, l'Orne détourné un quart de lieue plus haut, et le fait déboucher dans une vaste retenue, bordée de fortes digues pour la contenir, aboutissant par le centre à un large canal fermé par une chaussée percée de cinq pertuis, qui conduit dans un avant-port. Cet avant-port a ses flancs prolongés en forme d'épi, dont les huit redents qui le composent, sont garnis chacun d'une écluse de chasse, alimentés par deux autres retenues placées de droite et de gauche, et qui partent de la grande dont nous avons parlé. Au canal qui conduit dans l'avant-port, sont joints deux bassins et une cale pour le radoub et la construction des bâtimens : le chenal qui part de l'avant-port, et conduit ses eaux de l'Orne à la mer, est bordé par deux jetées dont celle à gauche se joint aux rochers de Colleville, tandis que l'autre s'étend jusqu'au dehors des sables de la partie droite de la baie. A la grande retenue sont deux portions circulaires : l'Orne arrive par son nouveau canal dans le centre de la gauche; de celui de la droite, part un autre canal placé en regard du premier, se prolongeant jusqu'aux dunes de Sallenelles, où il doit recevoir les eaux réunies de plusieurs ruisseaux, et de là s'embrancher dans la rivière de Dives : à l'angle du même côté, est un troisième canal, fermé par des écluses destinées à évacuer le trop-plein et lui donner une issue jusqu'à la mer. Enfin, de ce même point part aussi une chaussée, s'étendant jusqu'à la côte au-delà de Sallenelles, dont le but est de garantir des eaux de la mer une grande étendue de terrain, qui serait donnée à la culture et remplacerait celle occupée par les ouvrages que nous venons de décrire. Cette partie du projet du C.en Lefebvre présente un caractère de grandeur fait pour séduire : mais peut-être serait-il à craindre que les vases que l'Orne charie, et auxquelles il n'est point remédié, n'encombrassent les grandes retenues de manière à paralyser l'effet des écluses de chasse, et à donner en peu de temps à tout ce grand ouvrage l'aspect d'un vaste marais.

La dépense, en outre, en serait si énorme, que cette considération seule pourrait faire rejeter son exécution.

La seconde partie du projet du C.en Lefebvre consiste dans le redressement de plusieurs parties du lit de l'Orne ; et la simple indication suffit pour en donner la connaissance.

La troisième, qui comprend les travaux du port de Caen, est jusqu'à présent la plus importante, puisque c'est la seule qui ait commencé à avoir son exécution. Le plan sous les yeux, on en comprendra facilement l'ensemble et les détails.

PLAN N.° 2. Il est composé d'un canal de redressement de vingt-quatre toises de large *A*, s'étendant depuis Clopée jusqu'à Caen, où il se divise en deux branches *B C*, chacune de quatorze toises de large : celle à gauche *C* se dirige du côté du pont appelé de Vaucelles *D*; l'autre *B* à droite remonte vers le pont de Saint-Pierre, et aboutit à la rue de Calas.

Ces deux canaux, revêtus de murs construits en pierre de taille à partir de leur embranchement, devaient être formés par des écluses de chasse *K*, ce qui faisait de chacun un bassin destiné à retenir les navires à flot, et traversé par deux ponts tournans *I H*; il devait y avoir, en outre, de vastes cales *E E* pour le radoub et la construction des vaisseaux, et de grands emplacemens propres à des édifices soit publics, soit particuliers, qui auraient procuré à la ville un agrandissement considérable de ce côté.

Enfin, tous ces ouvrages devaient être entourés de canaux de dérivation *F F*, pour l'écoulement des eaux supérieures dans l'intervalle des basses marées.

Telle est la dernière partie du projet du C.en Lefebvre. C'est de celle-là qu'on a commencé les travaux, qui sont fort avancés : elle a cependant reçu beaucoup de modifications. On a rempli les lacunes réservées pour écluses de chasse ; on n'a fait qu'un des ponts tournans, et les canaux de dérivation ont été supprimés : mais enfin c'est le seul des projets dont nous avons parlé, qui ait eu son exécution; tous leurs auteurs avaient eu également la pensée, en voyant la marée remonter avec l'Orne jusque sous les murs de Caen, d'y établir un port, d'y bâtir des quais, d'y faire des cales d'échouage, de redresser le cours de la rivière en lui laissant son embouchure ordinaire, ou bien, comme Vauban, Viallet et le C.en Lefebvre, en lui en creusant une nouvelle dans la fosse de Colleville.

Mais tous, en se servant de cette rivière pour moyen, introduisaient dans leurs plans un principe de destruction dont le terrain même où ils projetaient leurs travaux était la preuve. L'Orne, les Odons et les autres ruisseaux, charient avec eux des vases et des immondices qui forment continuellement des atterrissemens que les écluses de chasse, quelque nombreuses qu'on les établisse, et quelle que soit l'impétuosité qu'on imprime aux eaux qu'elles lancent, ne peuvent pas totalement dissiper, et qui auraient toujours fini par rendre toutes ces grandes entreprises inutiles.

Il n'y avait donc qu'un moyen de donner au port projeté pour Caen une stabilité qui lui aurait manqué; c'était de renoncer à se servir de la rivière d'Orne, et d'employer, pour remplir son bassin, les eaux de la mer, qu'au moyen d'un nouveau canal la marée y amènerait tous les jours.

Cette idée, qui paraît si simple quand elle est trouvée, l'ingénieur en chef, le C.en Cachin, l'a eue.

La Commission a son plan sous les yeux; et son examen et l'indication des avantages qu'il renferme, ne sont point étrangers à sa mission, puisque plusieurs de ses parties se combinent avec les moyens qu'elle a à proposer pour utiliser les travaux actuels, ainsi qu'on le verra dans la dernière partie de son procès-verbal.

Cet ingénieur se sert du mur de quai du canal de N. N. O. ou de Saint-Pierre, pour en former un des côtés du vaste bassin d'environ deux cent quatre-vingts toises de long sur quarante-huit de large, en supprimant toute la partie de murs opposée, dont une portion est déjà tombée, et la reconstruisant plus loin. Il supprime aussi le pont tournant, les écluses et autres accessoires du projet du C.en Lefebvre. L'entrée de son bassin, qui est au centre, est fermée par une grande écluse avec pont tournant pour y laisser entrer les navires, et dans le bas du bassin en est une seconde plus petite, communiquant au rond-point du canal de Vaucelles, pour l'introduction des bateaux de la partie supérieure de l'Orne lorsqu'elle sera navigable ; ce bassin étant destiné à ne recevoir que les eaux de la mer. On ouvrirait, au bras de l'Orne qui y arrive actuellement par le Pont-Saint-Pierre, grossi des Odons qu'il recueille, un large aqueduc creusé sous le pavé des quais, qui consoliderait le mur de revêtement actuel, conserverait à la commune un cours d'eau utile à ses besoins particuliers, et dégagerait le bassin de toute communication avec la rivière.

Il conserve et termine le canal du C.en Lefebvre du côté du pont de Vaucelles qu'il reconstruit, et il destine ce canal à la navigation particulière de l'Orne, qu'il laisse continuer son cours jusqu'à son embouchure actuelle : ce plan ne lui interdit point la faculté de faire un jour à cette embouchure, des travaux qui puissent en raccourcir le trajet, et activer les eaux de la passe ; mesure qui mènerait à conquérir une vaste étendue de terrain fertile, et sur-tout à garantir la chaussée de Sallenelles, dont la destruction causerait des inondations qui s'étendraient sur les possessions de nombreuses communes.

De son bassin sous les quais du port de Caen, le C.en Cachin creuse un canal pour recevoir les marées, à partir de cette commune jusqu'à la fosse de Colleville, en longeant la côte de l'ouest, et redressant le cours de l'Orne dans les parties où elle serait rencontrée par son canal. Arrivé dans les dunes entre Oystreham et Colleville, il établit un autre bassin heptagone, une forme et d'autres accessoires, avec un chenal soutenu par deux jetées qui s'avancent de mille ou douze cents mètres dans la mer, et dont l'une s'appuie sur les rochers de la fosse de Colleville, et l'autre s'étend au-devant des sables, du côté de la redoute d'Oystreham.

La Commission a trouvé qu'aucun des autres plans proposés pour le port de Caen ne peut soutenir la comparaison avec celui-ci, tant par l'idée ingénieuse qui en fait le principal mérite, que par la sagesse et la simplicité de l'ensemble, et dont la principale dépense pourrait même devenir l'ouvrage de compagnies qui retireraient leurs avances avec bénéfice, dans l'abandon qu'il serait possible de leur faire de terrains de peu de valeur actuellement, ou même dans un léger droit dont la République hériterait à un terme fixe, et qui serait prélevé sur les marchandises transportées par le canal.

La Commission reviendra sur ce projet, dans la troisième partie de son rapport.

Elle va passer présentement à la seconde, destinée, comme on l'a vu ci-dessus, à l'examen et l'apurement des comptes de la dépense des travaux faits dans le port de Caen.

SECONDE PARTIE.

Examiner dans le plus grand détail les comptes des dépenses auxquelles ils ont donné lieu jusqu'à l'époque où ils ont été suspendus.

C'EST cette partie du travail de la Commission qui a exigé le plus de soins et de temps. Les pièces qui lui ont été remises pour dresser le règlement des dépenses, ne présentent que des minutes incorrectes d'états de situation et de toisés, qui ne sont, sans doute, que des résultats d'autres plus étendus; et d'attachemens ou autres pièces justificatives, vraisemblablement regardées comme inutiles, puisqu'elles n'ont point été reproduites.

C'est cependant dans ces états, ainsi que dans les devis et détails et l'acte d'adjudication, que la Commission devait chercher les élémens de son travail. C'est ce qu'elle a essayé de faire; mais reconnaissant bientôt des erreurs assez sensibles, elle a été obligée de recourir à d'autres moyens, et a pris le parti de toiser et vérifier tout ce qui était susceptible de l'être : quant à ce qui ne l'était pas, il a fallu s'en rapporter aux toisés et quantités portés dans les états de situation. Sans cela il eût été impossible de faire un compte. C'est par la réunion de ces moyens qu'elle a obtenu un résultat aussi exact qu'il est possible de le faire.

Quoique la Commission ne craigne point qu'on élève sur ses

opérations des doutes injurieux à la pureté de ses principes, cependant, comme elle a des intérêts majeurs à maintenir, puisque, d'un côté, il s'agit de mettre le Gouvernement dans le cas de prononcer sur la fortune de citoyens qui font de grandes répétitions, et que, de l'autre, il pourrait être grièvement lésé si elle eût trop légèrement accordé des indemnités et des augmentations aux entrepreneurs, elle va poser les bases sur lesquelles elle a fondé son travail, et elle développera ensuite celles du compte joint au présent rapport.

Elle a d'abord reconnu pour règle invariable de ses opérations, 1.° que tout acte librement consenti entre les parties contractantes, est sacré et ne doit éprouver aucune modification en faveur de l'une d'elles au préjudice de l'autre; 2.° que si un homme est lié par contrat libre, nul n'a le droit de le forcer à aller au-delà de ses engagemens, ou de le lier par un acte auquel il n'aurait point participé. La Commission a reconnu que ces deux principes trouvaient leur application dans l'affaire qu'elle a à traiter.

Effectivement, les travaux exécutés sont de deux espèces; ceux faits en vertu d'une adjudication légale et authentique, et ceux qui ont été ordonnés par divers arrêtés de l'administration départementale, par suite de cette adjudication, et aux mêmes prix et conditions. Dans le règlement des uns, elle ne pouvait s'écarter du contrat; dans celui des autres, elle a dû ne point regarder l'entrepreneur comme lié par un ordre auquel il n'a souscrit qu'avec réserve.

1.er Cas. *Adjudication.*

Le 6 avril 1786, le C.en Migniot se rendit adjudicataire des travaux à faire à la rivière d'Orne sous les murs de Caen, moyennant 757,922 liv. 5 s. 4 d.

L'intendant Feydeau, qui la passa, crut devoir apporter des modifications aux clauses du devis dressé par l'ingénieur en chef de la ci-devant généralité. Il fit usage, dans cet acte, d'une forme inusitée jusqu'alors dans les travaux des ponts et chaussées; il supprima dans les

les clauses du devis tout ce qui lui parut susceptible de prêter à l'arbitraire. Il ne voulut point connaître de sommes à valoir, destinées à faire face aux dépenses extraordinaires, ou à celles qui en raison des accidens auxquels on n'est que trop souvent exposé dans les ouvrages hydrauliques, et que l'on ne peut humainement prévoir, se font ordinairement par régie; et pour éviter toutes augmentations ou réclamations de la part des entrepreneurs, il fondit dans les ouvrages mêmes toutes les manœuvres et dépenses qui auraient dû être imputées sur cette somme, suivant l'usage adopté jusqu'alors, et qui s'observe encore dans tous les ouvrages de cette nature.

De cette manière de traiter, il pouvait résulter des pertes comme des bénéfices pour l'entrepreneur. C'était donc une chance à courir; et tous les concurrens furent libres ou d'accepter ces conditions, ou de se retirer. Ils ont dû calculer en conséquence des risques que présentait cette nouvelle forme, et considérer comme réelles toutes les dépenses qui ne sont qu'éventuelles. Le C.en Migniot n'a pas dû compter plus que les autres sur une faveur; il ne lui est donc dû que les sommes qui lui sont allouées par l'adjudication, tant que les ouvrages n'ont point sorti des conditions du devis auxquelles elle renvoie.

Cependant, il est alloué des augmentations dans les états de situation. La Commission, qui n'est point d'avis de les passer en compte, au moins en majeure partie, va prouver par un exemple, que quand on s'écarte des principes, on dénature le contrat qui lie les parties, et, de conséquences en conséquences, on parvient à des résultats arbitraires et souvent effrayans.

Pour accorder une augmentation sur les terrasses au derrière des murs de quai et dans les fondations, l'on a dit qu'indépendamment du devis, on a soumis à l'inspection des entrepreneurs, au moment de l'adjudication, les dessins auxquels ils devaient se conformer pendant l'exécution; et que celui où est représentée la coupe des murs, indique pour les terrasses un talus de 45 degrés, tandis que dans le fait elles en ont pris un beaucoup plus alongé; et l'on en a conclu qu'on devait allouer une indemnité à l'entrepreneur.

Mais ni le devis ni l'adjudication ne parlent de ce talus, qui dans le dessin ne peut être considéré que comme une indication de la manière de construire, et une évaluation approximative des opérations à faire pour y parvenir, évaluation qui, au moyen des précautions que l'on a prises dans quelques parties, pouvait être absolument exacte; avec quelques dépenses, on pouvait toujours soutenir les terres sous cette inclinaison, et l'on ne peut dire que l'on doit payer ces précautions : car, 1.° l'entrepreneur y était expressément obligé par l'adjudication, puisqu'il s'était soumis à construire les murs avec terrassemens, épuisemens, et tout ce qui en dépend, pour un prix déterminé et invariable; 2.° il est bien certain que l'on n'aurait pas eu le droit de diminuer à l'entrepreneur un cube quelconque de terrasses, si la nature du terrain eût permis de couper les terres à pic, ou s'il eût trouvé le moyen de les soutenir ainsi pour épargner la dépense des fouilles.

Par une suite de raisonnemens vicieux que l'on a admis pour accorder une indemnité ou augmentation sur les terrasses, l'on s'est vu également entraîné à passer des augmentations d'épuisemens, d'étrésillonnemens et autres faux frais de cette nature, qui ont paru à la Commission devoir être rejetées, comme celles des terrasses, parce que les unes et les autres n'étaient que des moyens d'exécution qui tous étaient à la charge de l'entrepreneur.

Le contrat qu'il a librement souscrit ne peut donc être susceptible d'aucune modification; y déroger dans la moindre partie, serait une faveur que l'on pourrait qualifier d'injustice à l'égard des autres entrepreneurs qui se sont présentés à l'adjudication, et qui y avaient tous un droit égal; ce serait ouvrir la porte à une foule d'abus, qu'il serait facile de démontrer, et mettre le Gouvernement dans le cas de ne jamais compter sur les engagemens qu'il contracte.

Mais si, d'un côté, la justice veut qu'un homme lié par un contrat légal, n'ait pas le droit d'exiger une faveur, elle veut de l'autre que quand il n'est point engagé, on ne le contraigne pas à suivre une entreprise aux mêmes conditions, si elles lui sont *onéreuses*; et il suffit qu'il les dise telles, pour que rien ne puisse l'obliger à s'y soumettre ; comme on ne pouvait pas le forcer à prendre l'adjudication s'il ne l'eût pas voulu.

Mais il s'est soumis par le fait, dira-t-on, puisque, d'après l'ordre qu'il en a reçu, il a exécuté les travaux qu'on lui a prescrit de faire.

C'est ici le cas d'examiner si dans les circonstances difficiles où l'on se trouvait alors presque généralement par-tout, le C.en Migniot était libre de refuser de se soumettre à l'ordre que lui donnait l'administration, sans compromettre sa sûreté personnelle et la tranquillité publique.

2.me CAS. *Arrêtés du Département.*

C'EST le 2 mai 1791 que l'administration du département du Calvados prit un arrêté qui enjoint à l'entrepreneur des travaux de la rivière d'Orne, de fonder et élever d'une assise au-dessus des basses eaux, deux cent quatre-vingt-quatorze toises de longueur de murs de quai, dans les lacunes réservées, et au-devant du mur de Courtonne.

Le 4 juin suivant, cet entrepreneur se soumit à exécuter ces travaux, avec réserve portant qu'*il supplie l'administration de vouloir bien ordonner la tenue d'un registre exact des dépenses, et sur-tout des épuisemens pour la partie nouvelle que l'administration lui prescrit de fonder.*

Le 14 décembre 1791, nouvel arrêté du conseil général du département, qui enjoint à l'entrepreneur d'exécuter encore de nouveaux murs, tant du côté de Vaucelles que dans le prolongement des deux murs au-devant de Courtonne.

A la première époque du 2 mai, il y avait encore bien des terrasses à exécuter dans l'intérieur des canaux, ouvrage auquel on pouvait employer beaucoup d'ouvriers : ne point entreprendre cette partie de travaux, c'était frustrer la classe d'hommes qui n'a pour vivre que ses bras, des moyens de subsister. Et quel danger n'y avait-il pas alors pour celui qui se serait refusé à leur donner de l'ouvrage, quand l'arrêté du département devait leur paraître une obligation pour l'entrepreneur, de leur offrir ce moyen pour gagner du pain? L'affluence énorme qui se présenta quand on commença les travaux, est une preuve du danger qu'il aurait couru s'il s'y était refusé. Il l'avait prévu dans la lettre qu'il écrivit à l'administration. Il obéit cependant; mais en obéissant, il demande que l'on tienne des attachemens de dépense. Il observe que depuis deux ans, il aurait tout-à-fait abandonné les travaux, s'il n'eût pas craint que sa sûreté personnelle et la tranquillité publique ne fussent compromises.

Il était important pour la Commission, de s'assurer si cette lettre, qui s'est trouvée dans les papiers que le Ministre lui a adressés, avait été réellement remise à l'administration, parce que si le C.en Migniot n'eût point fait de représentations, la continuation pure et simple des ouvrages devrait être considérée comme une soumission de les exécuter, aux termes de l'arrêté, par suite et aux mêmes conditions de l'adjudication; et alors ils devraient être réglés aux mêmes prix. Elle a donc dû s'informer de l'administration centrale, si effectivement la lettre a été remise. Il lui a été répondu que l'on n'en avait point de connaissance. Mais voyant que cette déclaration n'est point et ne pouvait être un déni formel, elle a dû examiner si elle trouverait dans des probabilités, des raisons suffisantes de l'admettre; et elle les a reconnues tellement fondées, qu'elle n'a pu se refuser à y avoir égard. Car, 1.° les ingénieurs qui ont dirigé l'ouvrage, reconnaissent cette lettre, et ont réglé les dépenses en conséquence; 2.° de ce que l'administration, dont les membres ne sont point les mêmes que ceux qui y étaient lorsque l'ordre a été donné, ne la retrouve pas dans ses bureaux, on ne peut justement conclure qu'elle n'y a pas été remise; 3.° l'intérêt de l'entrepreneur le portait à écrire cette lettre, parce qu'ayant déjà présenté différentes requêtes et demandes auxquelles il n'avait point été fait droit, il devait se mettre en règle pour réclamer avec fondement des indemnités sur un ouvrage auquel personne n'avait le droit de le contraindre. Enfin, dans l'incertitude si réellement l'entrepreneur a fait des réserves, les présomptions doivent faire pencher la balance en sa faveur.

La Commission a donc vu, dans cette seconde partie des travaux ; un autre homme que dans la première : ici c'est un entrepreneur lié par un acte légal et authentique ; là, c'est un citoyen ordinaire, libre, autant qu'il l'était le jour de l'adjudication, d'accepter ou de rejeter la proposition qui lui était faite ; car on ne peut justement donner un autre nom à l'arrêté du département.

Il est certain qu'au derrière des murs et dans leurs fondations, les terres ont pris un bien plus grand alongement qu'il n'avait été prévu par le détail estimatif ; qu'ainsi les déblais ont été plus considérables ; et par une suite indispensable, les épuisemens ont dû être plus chers. Les étrésillonnemens ont aussi été nécessaires. Il est encore vrai que par les circonstances où s'est trouvé l'entrepreneur, les transports de matériaux pour la construction des murs ont été plus considérables que dans la première partie des ouvrages ; la Commission a donc dû avoir égard à la différence que ces augmentations ont mise entre le premier contrat et le second, si l'ordre du département pouvait avoir le même caractère.

Les maçonneries et charpentes lui ont paru devoir être réglées comme celles de l'adjudication ; car, 1.° il n'apparaît aucune réclamation de l'entrepreneur sur ces objets ; 2.° les ingénieurs qui ont dirigé l'ouvrage, n'ont proposé aucune indemnité à cet égard, si ce n'est celle produite par l'augmentation de transport des matériaux ; 3.° les commissaires se sont convaincus par l'examen des prix et par les informations qu'ils ont prises, que la moindre augmentation sur ces objets serait abusive.

Enfin, il y a dans cette partie des travaux, des dépenses et ouvrages étrangers que l'on ne peut s'empêcher d'adopter.

Si la Commission n'a pas toujours admis les règlemens faits par les ingénieurs, c'est que leur manière d'opérer lui a paru appartenir trop au mode de compte de clerc à maître, qu'il n'est pas dans ses principes de suivre, sur-tout quand elle a reconnu qu'elle pouvait, par des rapprochemens, en dresser un aussi exact qu'il est possible, dans une affaire qui présente les plus grandes difficultés.

Si on lui objectait que les attachemens ont été tenus par un commis de l'administration, et si l'on prétendait en conclure que ce mode peut être considéré comme une régie, elle dirait que ce commis est devenu depuis l'associé connu de l'entrepreneur, et que sans chercher à porter aucune atteinte à sa probité, ce fait est trop notoire pour ne pas laisser dans l'esprit de ceux qui sont chargés des intérêts publics, une impression qui doit leur faire rejeter des comptes que le Gouvernement pourrait, avec quelque fondement, arguer d'infidélité.

Il est un point sur lequel la Commission n'est point d'accord avec les états de situation; c'est le bénéfice qu'ils n'accordent point à l'entrepreneur sur certaines dépenses étrangères à l'adjudication: elle a cru nécessaire de développer ici les motifs qui ont dirigé son opinion à cet égard.

Il est d'usage d'ajouter, dans les détails estimatifs, aux prix effectifs des ouvrages, un dixième de bénéfice : cette quotité est censée représenter les soins et peines de l'entrepreneur, l'intérêt de ses avances et les risques qu'il court. Il paraît qu'elle doit sa fixation à l'assimilation que l'on fait d'un entrepreneur à un négociant, dont le bénéfice honnête est ordinairement représenté par ce dixième; mais le mode d'adjudication renverse totalement ce système, car le bénéfice effectif s'estime suivant la volonté ou la spéculation des concurrens; les uns se contentent d'un vingtième, d'autres d'une moindre quotité encore, et il arrive même souvent que le rabais excède de beaucoup ce dixième porté en sus du prix supposé exact des ouvrages; ce qui fait voir que l'adjudicataire espère obtenir de son industrie, dans le prix qui lui est accordé, un bénéfice suffisant. Tel est l'effet de la concurrence. Le dixième porté dans les détails, et que les entrepreneurs se sont habitués à regarder comme leur bien propre, n'est point une obligation contractée par le Gouvernement; nulle loi ne dit qu'il accordera ce dixième en sus des ouvrages, et bien moins encore en sus des dépenses qui n'exigent de l'entrepreneur aucuns soins ni aucuns risques. Cependant la justice veut que tout homme qui fait des avances en retire un intérêt proportionné; et c'est ce que la Commission a dû considérer dans son règlement pour les dépenses qui ne tiennent point proprement à l'adjudication, et qui ne pouvaient être réglées d'après les prix qu'elle alloue pour les différentes natures d'ouvrages.

Elle a pensé que si c'est à tort que les ingénieurs qui ont réglé les ouvrages, n'ont point eu d'égard à cet intérêt légitimement dû, ce n'est pas avec plus de raison que, dans ses réclamations, l'entrepreneur répète un dixième net : car d'un côté, l'adjudication n'oblige point l'entrepreneur à faire gratuitement ces avances ; et de l'autre, ne prévoyant pas ces dépenses, elle ne lui alloue point une quotité déterminée d'intérêt.

L'intérêt légal reconnu par le nouveau comme par l'ancien Gouvernement, est de cinq pour cent ; c'est celui que devait adopter la Commission. Mais dans l'espace d'une année qui s'écoule entre la rédaction d'un état de situation et l'autre, les dépenses n'étant que successives, il est évident que l'on ne doit que moitié de cet intérêt, puisqu'il est vrai qu'on solde à la fin de chaque année la totalité des dépenses, moins la quotité fixée par l'adjudication pour garantie des ouvrages : il est même des cas où cette moitié entière n'est pas due ; et la Commission en a reconnu un en 1792, c'est celui où les dépenses étant faites dans un temps déterminé, comme les ouvrages qui ne durent que celui de la campagne, six ou sept mois environ, alors l'intérêt ne doit valoir que pour la moitié du temps qu'ils ont duré.

Tels sont les motifs qui ont déterminé la Commission à allouer sur toutes les dépenses imprévues qui ne sont point ouvrages, et qui par conséquent n'ont exigé de la part de l'entrepreneur que la peine de les payer sur mandats ou ordonnances, deux et demi pour cent d'intérêt.

La Commission a reconnu la justice de rétablir pour les recettes, comme pour les dépenses, la valeur numéraire au lieu de la valeur nominale. Effectivement, c'est en 1786 que l'entrepreneur a traité avec le Gouvernement, et alors il n'existait point de papier. La Commission a suivi à cet égard les instructions qui ont été transmises aux ingénieurs en chef des ponts et chaussées par les circulaires du Ministre de l'intérieur des 18 pluviôse et 28 ventôse an 5, et par celle de l'inspecteur général Rolland, écrite par autorisation du

Ministre sous la date du 20 thermidor ; le tout en conformité de l'arrêté du Directoire exécutif du 8 frimaire même année. Les bases de ses calculs ont été prises dans le tableau comparatif du papier-monnaie avec le numéraire métallique, arrêté par l'administration centrale du Calvados, dans sa séance du 24 thermidor an 5.

On voit, dans ce tableau, que ce n'est que de 1791 que date la dépréciation du papier-monnaie dans ce département ; ce n'est donc qu'à cette époque que la Commission a dû faire remonter les réductions qu'elle a cru juste d'appliquer aux recettes comme aux dépenses. Ainsi elle a pris connaissance de tous les paiemens qui ont été faits à l'entrepreneur depuis le 1.er janvier 1791 ; elle leur a attribué la valeur métallique qu'avait le papier-monnaie à chaque époque de paiement, et elle en a conclu la masse générale des sommes qu'il est censé avoir reçues valeur métallique.

Elle a réduit, dans le même rapport, les sommes que l'entrepreneur a payées dans le cours des années 1791, 92, 93 et 94 *(v. st.)*.

Un exemple va rendre plus sensible la manière dont elle a opéré.

Au titre I.er, *ouvrages en augmentation, année 1791*, on lit :

1.° Pour divers remboursemens relatifs à l'entretien du bac de Mondeville	635#	19s	//d
2.° Pour droits d'entrée	18.	15.	3
	654.	14.	3
Les ingénieurs qui ont fait les états de situation, n'ont passé aucun intérêt pour avances de fonds; la Commission a jugé devoir porter 2 ½ pour %	16.	7.	4
	671.	1.	7
A cette somme elle ajoute le sou pour livre, parce que, devant le retrancher à la fin du compte de la totalité des dépenses, elle a dû le rétablir ici pour former une balance exacte, ci	35.	6.	5
Ce qui fait en total	706#	8s	//d

Mais

Mais quand, en 1791, ces dépenses ont été faites, le papier-monnaie avec lequel l'entrepreneur payait (en prenant la réduite de l'année entière), se réduisait, pour 100^{tt}, à 91^{tt} 4^{s} 2^{d}. Cette somme doit donc être réduite dans le même rapport, parce que, d'après toutes les réductions opérées de cette manière, il sera censé que toutes les dépenses ont été faites en numéraire, et l'on pourra dire : l'entrepreneur a reçu (en 1791) une somme totale de..... qui ne valait que..... ; donc il lui est dû..... pour le solder. Cette manière d'opérer est plus courte et infiniment plus simple que de faire le relevé de toutes les dépenses qui ne sont pas susceptibles de cette augmentation résultant de la dépréciation du papier-monnaie.

Ainsi la Commission a dû réduire les 706 liv. 8 sous dans le rapport ci-dessus; ce qui donne valeur numéraire... 642^{tt} 9^{s} //

Et cette dernière somme entrera dans l'addition de toutes les autres, qui sont véritablement du numéraire, l'adjudication ayant été passée en 1786.

Il y a dans l'adjudication une clause essentielle qui a dû fixer l'attention de la Commission; c'est le sou pour livre retenu sur tous les ouvrages, disponible par l'intendant ou les autorités compétentes qui lui ont succédé, et qui devait être destiné à être employé, sur ses ordonnances, au paiement des frais de devis et dessins, de direction, inspection et différentes opérations à faire par les ingénieurs et sous-ingénieurs.

Il résulte de cette clause, 1.° que l'entrepreneur doit compte d'un vingtième, et que par conséquent il ne lui appartient que les dix-neuf autres; 2.° que ce n'a dû être que sur des ordonnances de l'intendant ou des corps constitués que ce sou pour livre a pu être payé par l'entrepreneur, et qu'alors la Commission ne peut recevoir à sa décharge que les pièces revêtues de cette formalité.

Ainsi, quoique reconnaissant la justice qu'il y avait d'indemniser les ingénieurs de la modicité de leur traitement par des honoraires que l'ancien Gouvernement leur accordait sur les travaux étrangers à leur service ordinaire, et qui s'exécutaient sur d'autres fonds que ceux destinés aux ponts et chaussées, la Commission ne s'est point crue autorisée à passer en compte à l'entrepreneur les sommes qu'il a pu leur délivrer, parce qu'elle n'a vu dans aucune des pièces qui lui ont été remises, les autorisations légales de les acquitter : il s'ensuit qu'elle a dû retrancher du montant total des ouvrages, un vingtième, sauf à justifier comme il appartiendra des sommes qui ont été autorisées; point sur lequel il restera à prononcer au Ministre ou au Directoire exécutif.

L'ordre de travail qu'a observé la Commission, la conduisant à retrancher ce sou pour livre de la totalité des dépenses et non de chacune d'elles en particulier, elle a eu soin, pour rétablir la balance, de le reporter sur tous les articles où il ne l'était point.

On ne trouvera point, dans ce compte, les approvisionnemens de matériaux faits par l'entrepreneur et restant sur les chantiers, non plus que ses équipages et outils : la Commission l'a requis plusieurs fois d'être présent à l'opération qu'elle a voulu faire pour les constater; il s'est toujours refusé de se rendre aux invitations qui lui ont été faites. Mais peu importe au résultat de ce compte ; ces approvisionnemens et équipages lui resteront en propre, et il sera libre d'en disposer lorsqu'on reprendra les ouvrages, soit qu'ils lui soient adjugés, soit qu'il cède ses approvisionnemens, à prix défendu, à l'entrepreneur qui aura l'adjudication de la suite des travaux. D'ailleurs, une décision du Ministre de l'intérieur, contenue dans sa circulaire précitée du 28 ventôse an 5, porte expressément que les approvisionnemens des entrepreneurs doivent être défalqués de leur arriéré.

La Commission n'a point fait de diminution sur le prix des ouvrages, en raison des malfaçons qui ont pu avoir lieu dans l'exécution, parce que, quoiqu'il soit reconnu qu'effectivement il y en a eu, et qu'il soit survenu des accidens qui sont du fait de l'entrepreneur, cependant il est constant que c'est principalement au manque d'épaisseur suffisante qu'est due la chute des murs ou autres effets qu'on y remarque.

La perte qu'il eût fallu faire supporter à l'entrepreneur en raison du mauvais état des murs, n'eût pu être estimée qu'arbitrairement; et la commission a prouvé, dans tout le cours de son travail, que ce moyen n'était point digne de la loyauté et de la justice qu'elle a toujours eu l'intention de mettre dans ses opérations.

Il y a bien d'autres objets de détail qu'il eût été bon d'insérer dans ce rapport pour l'intelligence du compte; mais la commission a pensé qu'ils seraient plus avantageusement placés en tête des chapitres ou articles, parce qu'à mesure qu'on le lira, on aura sous les yeux l'analyse des motifs qui ont déterminé son avis. Cependant il lui a paru convenable de faire connaître ici les divisions et subdivisions de son travail, les résumés de chaque partie du compte, et le résultat général qui établit la situation respective du Gouvernement et de l'entrepreneur.

Pour opérer régulièrement, elle a classé la comptabilité sous quatre titres différens. Chaque titre est subdivisé en autant de chapitres, et ceux-ci en autant d'articles qu'il y en a dans le détail estimatif, ou dans les réclamations produites par l'entrepreneur, afin de mettre à portée de recourir à ces pièces pour la vérification du compte. Les autres subdivisions sont peu importantes.

En comparant ce travail avec les états de situation, on n'y verra aucune ressemblance, parce que la manière dont la Commission s'est vue forcée d'opérer, ne lui a pas permis de suivre la même marche.

C'est d'après ces principes qu'elle vient de présenter, qu'elle a cru devoir répondre à la confiance que le Gouvernement lui a accordée. Elle n'avait pas besoin sans doute de ces explications pour justifier ses opérations; mais elle a senti la nécessité de prevenir les objections qu'on pourroit lui faire, si, dans l'examen du compte qu'elle va rendre, on croyait apercevoir des contradictions dans la manière de régler les dépenses.

TITRE PREMIER.

Ouvrages exécutés suivant l'adjudication; augmentations ou autres dépenses applicables à cette partie des travaux.

CHAPITRE I.er

Terrasses.

La Commission n'ayant aucun moyen de vérifier cette partie du compte, a adopté les toisés et calculs des ingénieurs qui ont dirigé les travaux. On verra en tête de ce chapitre du règlement, le motif qui l'a déterminée à ne point adopter le moyen qu'elle pouvait avoir de faire une vérification d'après l'état des lieux, auxquels la nature du sol et la prodigieuse quantité de vase que dépose la rivière, ne permettaient pas d'ajouter foi. Elle a pris, au surplus, des informations qui ne permettent pas de douter de la vérité du résultat des toisés faits par les ingénieurs.

Ces terrasses s'élèvent, d'après les états de situation, à . . . . 178,318fr 50c.

CHAPITRE II.

Murs de quai sur trois cent soixante-quatorze toises de longueur; grand palier et escaliers de la partie circulaire; renforcemens circulaires, et exhaussemens des murs aux abords du pont tournant.

ARTICLE I.er

Murs de quai de trois cent soixante-quatorze toises de longueur.

Il ne devait d'abord, et suivant l'adjudication,

178,318fr 50c

Ci-contre..................... 178,318fr 50c

y avoir que deux cent soixante-quatorze toises de longueur de murs de quai, de neuf pieds d'épaisseur au niveau du dessus des fondations : les autres cent toises ne devaient avoir que sept pieds ; mais, d'après la connaissance acquise de la nature du terrain, on jugea convenable de donner à cette partie la même épaisseur. Ainsi tous les murs sont calculés sur le même prix de 1050 livres, alloué pour les deux cent soixante-quatorze premières toises. La Commission a eu d'autant plus de raison d'adopter cette augmentation, qu'elle regrette qu'elle n'ait pas été aussi considérable qu'exigeait une solidité nécessaire.

Les dépenses de cet article s'élèvent à............... 348,791fr 56c

Pour connaître la situation matérielle de ces murs, on consultera le dessin N.° 1.er, où toutes les cotes rouges indiquent les hauteurs restant à faire pour les élever à celle de vingt pieds, déterminée par le devis. On verra que ces cotes sont les mêmes que celles indiquées dans les toisés reportés au compte, et qui ont servi à constater les ouvrages restant à faire; d'où l'on a conclu ceux qui sont faits.

	348,791. 56.	178,318. 50.

D'autre part	348,791^{fr} 56^{c}	178,318^{fr} 50^{c}

ARTICLE II.

Palier et escaliers de la partie circulaire à la jonction des murs de Saint-Pierre et de Vaucelles.

Cette partie des ouvrages a été adjugée moyen.^{t} 12,000^{fr} 00^{c}

Ce sont ici les états de situation qui ont servi à la rédaction du travail de la Commission, parce qu'il n'a pas été possible de constater exactement les ouvrages par des toisés. Il en résulte que les parties faites s'élèvent à.	9,890. 00.	

ARTICLES III ET IV.

Exhaussemens des murs, et renforcemens aux abords du Pont tournant.

Ils ont été adjugés moyennant. . . . . 10,000^{fr} 00^{c}

Le résultat de ces articles est le produit de deux manières d'opérer, en suivant les états de situation, ou en calculant d'après les toisés faits par la Commission.

Les ouvrages s'élèvent à. . . .	7,691. 99.	
	366,373. 55.	178,318. 50.

Ci-contre.	366,373^{fr} 55^{c}	178,318^{fr} 50^{c}

ARTICLE V.

Sous cet article étaient comprises les cent toises de longueur de murs de quai, de sept pieds d'épaisseur au niveau du dessus des fondations. On a vu plus haut que ce mur ayant été construit sur la même épaisseur que les deux cent soixante-quatorze toises précédentes, on les a comprises sous le même article. . . .	*Pour mémoire.*	

ARTICLE VI.

Contre-forts.

Suivant le devis, il devait y en avoir vingt-cinq, adjugés pour. . . . . 9,750^{fr} 00		
Ils ont été fondés et élevés aux hauteurs correspondantes des murs de quai, depuis onze jusqu'à dix-neuf pieds 3 pouces de hauteur. Le toisé des parties restant à exécuter n'a donné que pour 17^{tt} 14^{s} 4^{d} d'ouvrages à faire; d'où l'on a conclu que ceux faits montent à. . .	9,732. 28.	
Total pour le chapitre II. . . .	376,105. 83.	376,105. 83.
		554,424. 33.

D'autre part.................... 554,424fr 33c

CHAPITRE III.

Murs circulaires bordant les cales.

D'après le devis et l'adjudication, il devait en être fait soixante-dix toises de longueur, divisées en cinq parties, toutes de différentes hauteurs, adjugées ensemble.......... 50,390fr 00c

Mais on a jugé convenable de donner aux deux parties exécutées, les mêmes dimensions de neuf pieds d'épaisseur et vingt de hauteur. La Commission n'a pu qu'approuver ce changement.

Il en a été entrepris vingt-sept toises trois pieds dix pouces, au prix de 1000 livres, suivant l'adjudication; ce qui fait..... 27,638fr 89c

D'après les toisés faits par la Commission, il en reste à faire pour.................... 2,618. 46.

Ainsi les ouvrages exécutés montent à................ 25,020. 43. 25,020. 43.

CHAPITRE IV.

Piles du Pont tournant.

Ce chapitre est divisé au détail en deux articles : le premier, qui comprend les piles du pont tournant, et dans lequel on a employé les massifs des culées, destinés à supporter les cabestans; le second ne traite que de la charpente du pont, qui a été

579,444. 76.

distraite

Ci-contre.......................... 579,444^fr 76^c

distraite de cette adjudication, et qui fait l'objet d'une seconde dont il sera rendu compte séparément.

Ces piles et les massifs ont été adjugés ensemble moyennant.................. 55,000^fr 00^c

Cet ouvrage n'a point été exécuté conformément au devis et à l'adjudication; car, 1.° il n'a pas été fondé aussi profondément qu'il avait été projeté; 2.° les changemens que l'on a faits dans la charpente du pont, ont mis dans la nécessité d'élever les piles de deux pieds quatre pouces onze lignes de plus qu'elles ne devaient l'être; 3.° l'on a jugé à propos, pour plus de solidité, de substituer la pierre de May à celle de Rauville dans la partie du couronnement, ce qui a occasionné quelques augmentations dont on devait tenir compte à l'entrepreneur; 4.° les pierres de couronnement formant marches, n'ont point les mêmes dimensions; 5.° enfin le noyau en pierres de taille qui devait n'avoir que vingt-sept pieds de base à partir du dessus des fondations, a été fait sur une toise superficielle à compter du niveau des basses eaux.

Tous ces changemens ont forcé à entrer dans de très-grands détails, sans lesquels on n'aurait pu parvenir à un compte exact.

Il en résulte que, compensation faite des augmentations et suppressions, on doit ajouter au prix de l'adjudication, qui est de 55,000^fr ci.. 55,000^fr 00^c
une somme de 933^fr 35^c ci....... 933. 35.

Ce qui donne à passer en compte.. 55,933. 35. | 55,933. 35.

635,378. 11.

D'autre part 635,378fr 11c

CHAPITRE V.

Organeaux, échelles en fer et canons d'amarrage.

Les organeaux ont été supprimés ; et les murs n'étant pas achevés, les canons d'amarrage ne sont point placés : mais, comme quatre de ces organeaux étaient forgés et prêts à placer quand on a cru devoir faire cette suppression, il en est résulté une dépense que l'on trouvera portée dans le compte à 227# 3s, et qui, avec celle de 1275# 1s qu'ont coûté les échelles en fer, en fait une totale de . . . 1,502. 20.

CHAPITRE VI.

Épuisemens.

On ne parle ici de ce chapitre que pour mémoire, et pour suivre l'ordre du devis ; il a été totalement supprimé par l'effet de l'adjudication, qui a compris les épuisemens dans les ouvrages mêmes ; il était porté au détail estimatif, comme somme à valoir pour 50,000 francs.

CHAPITRE VII.

Pont provisionnel en bois.

Il a été adjugé moyennant 2,000 francs ; mais les suppressions qui ont été faites pendant son exécution, réduisent la dépense à . . . . 1,775. 68.

CHAPITRE VIII.

Aqueducs en maçonnerie avec clapets.

Ces aqueducs étaient destinés à recevoir les eaux

638,655. 99.

Ci-contre.	638,655^{fr} 99^{c}
des rues aboutissant aux quais, et à les conduire dans les canaux. Il eût été à desirer que ces ouvrages n'eussent point été exécutés, puisqu'ils ne tendaient qu'à envaser les emplacemens destinés à retirer les bâtimens; mais, puisqu'ils étaient ordonnés, on doit en passer la dépense, qui s'est élevée à .	2,995. 63
	641,651. 62
Ces dépenses supposent que les ouvrages ont été faits conformément au devis, et suivant toutes les dimensions qu'il prescrit; mais comme, pendant le cours de l'exécution, l'on a été obligé de faire des changemens qui ont opéré des suppressions d'ouvrages, la Commission en a fait, dans son règlement, un article séparé qui se trouve immédiatement ensuite, et elle a trouvé que ces suppressions s'élèvent à.	19,697. 36
De manière que les ouvrages effectifs se réduisent à	621,954^{fr} 26^{c}
A cette somme on a dû ajouter les augmentations de dépenses portées dans les états de situation, et qui sont indépendantes des ouvrages; elles s'élèvent à.	43,839. 24
Ainsi la totalité des ouvrages faits suivant les devis et adjudication, ensemble des dépenses qui leur sont étrangères, mais qui ont été faites par une suite nécessaire, montent à.	665,793. 50.

TITRE II.

Ouvrages exécutés en vertu de l'Arrêté du département du 2 mai 1791, ou augmentation applicable à cette partie des travaux.

CHAPITRE I.er

Terrasses.

La Commission a suivi pour le règlement de cette partie d'ouvrages, la même marche que pour ceux exécutés en vertu de l'adjudication : elle n'a pu également que s'en rapporter aux états de situation, qui constatent que la dépense pour terrasses, d'après l'arrêté du 2 mai, s'est élevée à	21,921fr 25.

CHAPITRE II.

Murs de quai le long des canaux.

Il a été entrepris, en vertu de l'arrêté du 2 mai 1791, deux cent quatre-vingt-quatorze toises de longueur de murs de quai, comptées à 1,050 francs comme à l'adjudication; déduction faite de ce qui reste à faire pour élever ces murs à la hauteur prescrite, il reste à passer en compte à l'entrepreneur, pour cet ouvrage	250,847. 30.
On lui doit encore compte du supplément d'épaisseur donné à l'escalier situé vis-à-vis la rue des Carmes, et dont la dépense monte à	375. 72.
	273,144. 27.

Ci-contre..........................		273,144fr 27c

Contre-forts.

Les contre-forts exécutés d'après le même arrêté, déduction faite de ce qui reste à faire pour les perfectionner, produisent une dépense de.....		8,443. 52.
		281,587. 79.
Mais les murs de quai qui sont comptés ici à 1,050 francs la toise courante, n'ont été ni fondés ni couronnés d'après les conditions du devis; on a retranché déjà ce qu'il en coûterait pour les achever, et l'on doit encore défalquer ou ajouter la valeur résultant des changemens opérés dans les fondations.		
Le règlement de la Commission fait voir que compensation faite des augmentations ou suppressions pour cet objet, on doit soustraire de la masse des ouvrages faits..................		6,614. 25.
En sorte que les ouvrages effectifs ne s'élèvent qu'à..............................		274,973. 54.
On a ajouté à cette somme,		
1.° Les augmentations aux ouvrages ordonnés par l'arrêté précité, et qui sont dans le même cas de ceux exécutés d'après l'adjudication, et auxquels l'entrepreneur n'était pas tenu.		
La Commission a réglé cette partie des dépenses à........................	9,792fr 64c	
2.° Les plus-valeurs résultant de plus grands déblais, de plus grands transports, &c., et		
	9,792. 64.	274,973. 54.

D'autre part	9,792fr 64c	274,973fr 54c
qui n'étaient pas du fait de l'entrepreneur, mais bien l'effet de circonstances imprévues. La Commission, en s'en rapportant aux toisés joints aux états de situation, a compté ces plus-valeurs à.	25,825. 23.	
Total à ajouter à la dépense des ouvrages effectifs	35,617. 87.	35,617. 87.
Le total des ouvrages faits suivant l'arrêté du département du 2 mai 1791, ou qui en étaient la suite indispensable, est donc de		310,591. 41c

TITRE III.

Ouvrages exécutés en vertu de l'arrêté du Conseil général du département, du 14 décembre 1791.

CHAPITRE I.er

Terrasses.

Les terrasses exécutées d'après cet arrêté, ne sont que de 277 toises 4 pieds 8 pouces, qui produisent une dépense de 1,407fr 78c

CHAPITRE II.

Murs de quai.

Les murs commencés en vertu de cet arrêté, sont de 50 toises 3 pieds 2 pouces 9 lignes de longueur.

1,407. 78.

Ci-contre..........................	1,407 fr 78 c
La dépense, moins ce qui reste à faire pour les perfectionner, s'élève, en comptant toujours 1,050 francs pour la toise courante, à....................	40,690. 87.

Contre-forts.

La dépense pour les sept contre-forts entrepris, déduction faite de ce qui reste à exécuter pour arriver au niveau du pavé, monte à................	2,362. 48.
	44,461. 13.
A cette somme on doit ajouter la compensation faite des augmentations ou suppressions, qui donne, d'après le règlement de la Commission........	4,372. 51.
Ce qui élève les ouvrages effectifs à..........	48,833. 64.
Et les plus-valeurs, fondées sur les mêmes bases que celles du titre II, étant de...............	4,583. 77.
Le total des dépenses pour ouvrages exécutés en vertu de l'arrêté du conseil général du département du Calvados, s'élève à....................	53,417. 41.

TITRE IV.

Réclamations de l'entrepreneur.

L'entrepreneur a présenté une liasse de réclamations dressées année par année, dans laquelle on trouve la masse générale de ses dépenses portée à 1,469,536^{tt} 18^{s} 2^{d}, en présentant les paiemens qu'il dit lui avoir été faits, et qu'il fait monter à

1,120,951# 6s 5d; il conclut qu'il lui est dû 348,585# 11s 9d.

Non content de cette somme, il en répète encore d'autres qu'il n'indique point, faute de moyens, dit-il, de présenter des calculs exacts. Il croit très-probable cependant que ce qu'on lui a retenu pour les terrasses restant à exécuter, est beaucoup trop fort. Il les fait monter à 6,128 toises 3 pieds 6 pouces. Il y a ici une première erreur qui est démontrée dans le calcul de la Commission ; car il n'en reste pas cette quantité d'après les états de situation: une seconde se démontre bien facilement par le rapprochement des terrasses évidemment restant à faire.

1°. La cale de Vaucelles ; le détail en porte le cube à.	3,625to. ‖ ‖
Elle reste à faire.	
2.° Les batardeaux et l'extrémité du grand canal seront estimés bien bas en les portant à.	1,800. ‖ ‖
3.° Le canal de Saint-Pierre contient encore au moins 5,500 toises, ci.	5,500. ‖ ‖
TOTAL.	10,925. ‖ ‖

Il n'en faut pas davantage pour démontrer que s'il n'y a pas de mauvaise foi dans cette réclamation, il y a au moins bien de l'ignorance.

On sera à portée de juger, en lisant l'analyse de toutes les réclamations réglées avec la plus scrupuleuse attention, que les énormes réductions faites par la Commission sont fondées sur la plus sévère justice. Il résulte de son travail, que dans les demandes exagérées de l'entrepreneur, il y en a auxquelles on a eu égard dans le règlement des ouvrages ou autres dépenses ; les autres, examinées avec soin, ne produisent que. 22,639fr 41c

RÉCAPITULATION.

RÉCAPITULATION.

Les dépenses comprises aux titres I, II, III et IV, forment un total de				1,052,441# 14s 4d
A déduire le sou pour livre, d'après les raisons détaillées au présent rapport				52,622. 1. 9.
Reste à compter				999,819. 12. 7.
Les paiemens sont de deux espèces, ceux faits en numéraire avant 1791, et ceux effectués depuis cette époque en assignats.				
La première comprend,				
La valeur des machines et ustensiles livrés à l'entrepreneur, et estimés	17,227#	3s	4d	
La somme totale des ordonnances délivrées par l'intendant ou les autorités constituées avant 1791	542,073	12	11	
L'arriéré de 1790 sur la caisse de l'extraordinaire	10,448	15	4	
	569,749.	11.	7.	
La 2.e contient toutes les sommes en assignats, montant à 551,101# 18s, et réduites, d'après la dépréciation détaillée, à	409,526	4	7	
Total des paiemens	979,275.	16.	2.	979,275. 16. 2.
Il reste donc dû à l'entrepreneur, toutes déductions faites				20,543. 16. 5.

TROISIÈME PARTIE.

Proposer les moyens les plus convenables pour reprendre les ouvrages et les conduire à leur perfection.

Pour pouvoir proposer les moyens convenables de reprendre et conduire à perfection les travaux entrepris pour le port de Caen, il fallait connaître les causes du mal qui existe; ce qui ne pouvait se faire qu'après en avoir constaté l'état. Ainsi cette partie du travail de la Commission sera divisée en trois autres :

État des travaux ;

Causes des dégradations qu'ils ont éprouvées ;

Moyen d'y remédier et de les utiliser.

État des travaux.

Antérieurement à 1786, on creusa un nouveau lit à la rivière, pour, en la redressant et approfondissant son cours, lui donner un plus libre écoulement et une pente plus considérable, qui devait nécessairement favoriser le déblai des vases qui s'y déposent. Mais cette opération était incomplète, tant que la partie inférieure n'était pas fouillée ; et l'objet des grandes dépenses qu'elle avait exigées, devenait sans utilité, puisque, 1.° les navires forcés de passer d'abord par un chemin peu profond, n'avaient pas besoin, au-dessus, d'un lit qui le fût davantage ; 2.° cette partie inférieure était un obstacle au débouché des vases, qui devaient nécessairement s'y amonceler de manière à exhausser le fond suivant son premier état. Cette grande opération devait donc être en pure perte au bout de peu d'années, et l'on aperçoit que déjà ce nouveau lit s'est sensiblement exhaussé.

Il est bon cependant d'observer que le redressement que l'on a fait, et qui diminue plus de la moitié du trajet que les eaux avaient à parcourir avant, est infiniment utile, parce que la pente étant doublée dans cette partie, la force que le courant obtiendra de cette opération après la destruction des batardeaux, contribuera à chasser les vases et à maintenir le lit de la rivière à une plus grande profondeur.

Avant cette même époque de 1786, on avait aussi préparé le creusement des nouveaux canaux compris dans l'adjudication du 24 avril même année. C'est en cet état qu'étaient les lieux quand on passa cette adjudication : elle prescrivait qu'il serait fait 374 toises de longueur de murs de quai, deux grandes cales, deux piles d'un pont tournant, et le creusement général des canaux sur 20 toises de largeur et 3 de profondeur, au-dessous de la ligne des hautes mers. Les autres ouvrages ne sont que des accessoires qu'il est inutile de décrire.

Tous ces travaux ont été entrepris, les terrassemens presque totalement exécutés, les murs élevés à presque toute hauteur, et les piles du pont *D* tout-à-fait construites. PLAN N.° 1.

L'administration du département, pressée de jouir d'un ouvrage si utile, dont on n'apercevait pas encore tous les défauts qui se sont depuis manifestés, arrêta que les lacunes *L L* réservées pour l'établissement des écluses ou ponts qui étaient dans les projets du C.en Lefebvre, ainsi que la partie de 165 toises *K* du côté de Saint-Gilles et celle vis-à-vis *M*, seraient construites de la même manière que ceux compris dans l'adjudication; ce qui s'exécuta suivant qu'elle l'avait ordonné. Ceux des lacunes de 32 toises furent élevés à la même hauteur que les murs correspondans; les autres ne le furent qu'à 10 ou 11 pieds au-dessus des fondations. Par un autre arrêté du conseil général dans sa session de 1791, il fut ordonné de prolonger encore les murs de plusieurs toises, tant du côté de St.-Pierre *O* que de celui de Vaucelles *O*; et cet arrêté eut également son exécution : mais une partie des murs ne fut pas portée à une si grande hauteur.

Pendant leur construction, on remarqua des effets alarmans résultant de la poussée des terres; ce qui força à les retraiter de manière à regagner, autant qu'il était possible, l'alignement de la partie supérieure. Mais comme on ne remédiait point au vice radical de défaut d'épaisseur, ces effets ont continué d'avoir lieu, mais d'une manière plus effrayante dans des parties que dans d'autres. Quoi qu'il en soit de ces premiers effets, il n'en est pas moins constant que presque généralement par-tout, les murs en ont éprouvé qui ne laissent aucun doute sur leur instabilité; et si déjà ils n'ont pas tous éprouvé le sort d'une de leurs parties, on ne le doit qu'au dépôt de vases qui règne dans presque toute la longueur, et à la présence de l'eau, qui se tient constamment à neuf pieds de hauteur dans les canaux, ce qui rétablit une partie de l'équilibre contre la poussée des terres.

Il est donc reconnu et il sera prouvé par la suite, que ces murs n'ont point la solidité suffisante pour résister aux efforts qu'ils éprouvent; et sans examiner si la poussée de leurs talus et leurs mouvemens sur leur plan ont existé dès le principe, ou si les effets sont dus à la force constamment agissante des terres, on peut assurer que s'ils n'avaient pas l'appui qu'ils ont, ils céderaient en très-peu de temps et se renverseraient. On ne peut donc espérer de les conserver, sans leur donner un surcroît de résistance qui ne leur soit point étranger; et c'est ce que proposera la Commission.

On a dit plus haut que la rivière charie considérablement de vases: indépendamment des effets qu'on a décrits, et qui ont produit l'exhaussement progressif de la vallée, on a, dans l'intérieur des ouvrages mêmes, une mesure assez exacte de la quantité de ces dépôts. Il n'est pas permis de douter que le canal a été mis à la profondeur ordonnée par le devis; outre les états de situation qui l'indiquent, les informations qu'a prises la Commission ne lui laissent aucun doute à cet égard. Eh bien! ces mêmes canaux sont actuellement remplis, presque généralement par-tout, de sept, huit et neuf pieds de hauteur de vases; ce qui se démontre par la retraite des eaux à basse mer, temps où l'on voit presque par-tout de très-grandes places découvertes. Les profils, d'ailleurs, font exactement connaître l'état des lieux.

Il est vrai que ces dépôts ne sont aussi considérables, que parce que la rivière n'a point de cours dans cet intérieur, à cause du grand batardeau qui a été conservé à la jonction des canaux avec la rivière: dans cet état, les eaux étant presque stagnantes, les dépôts doivent être plus abondans. Ainsi, remblaiement d'un canal mis presque entièrement à perfection, des murs renversés, d'autres rejetés en avant et déversés sur leur plan; tel est le tableau affligeant que présentent les travaux de la rivière de Caen : les autres détails se trouvent confondus dans ce résultat. Il en est un cependant que l'on ne peut s'empêcher d'examiner; c'est le pont tournant.

Les piles, comme on l'a dit, sont entièrement faites, et prêtes à recevoir le pont.

Le grand passage qu'elles laissent entre elles est de 50 pieds. Arrêtons-nous à ce point.

Il est reconnu, parmi les gens de l'art, que rien n'est d'une exécution plus difficile et d'une plus grande sujétion, que les ponts tournans. Cette difficulté s'augmente à raison de la grandeur du passage. Or, pourquoi 50 pieds, quand 25 ou 30 auraient suffi? Cette première largeur est de peu inférieure à celle qu'il faudrait pour introduire des vaisseaux de guerre du premier rang. En entrera-t-il jamais dans le port de Caen? Certes il n'y a que la négative à prononcer sur cette question. On a donc gratuitement et inutilement mis une difficulté d'exécution de plus dans la construction du pont tournant; aussi la Commission ne balance-t-elle point à assurer que, tel qu'il est projeté, il ne peut se soutenir pendant deux ans sans éprouver des mouvemens qui en rendront la manœuvre impossible.

Cependant la situation des lieux exigeant un pont, la Commission a pensé qu'il était possible de s'en servir tel qu'il est projeté, en employant le moyen qu'elle proposera quand elle fera connaître son opinion sur ceux que l'on peut adopter pour utiliser les ouvrages faits.

Après avoir fait connaître l'état des travaux, la Commission va passer à l'examen des causes de cet état.

Examen des causes de l'état de dégradation dans lequel se trouvent les murs de quai de la rivière d'Orne.

Quelles que soient les difficultés que la nature présente à l'art, elles peuvent toujours être résolues lorsqu'elles sont connues.

On ne peut donc pas raisonnablement rejeter sur la nature du sol les mouvemens et déversemens qu'ont éprouvés les murs de quai du port de Caen. Quoiqu'il soit bien certain que la cause première de ces effets soit la fluidité et le peu de consistance du terrain sur lequel ces murs sont assis, il ne faut pas moins convenir que la cause immédiate de leur destruction est le défaut d'épaisseur suffisante.

Pour se convaincre que le défaut d'épaisseur est la véritable cause de destruction des murs de quai du port de Caen, il suffira de remarquer que les culées du pont tournant, construites sur le même sol, mais avec une épaisseur plus considérable, ont conservé leur stabilité.

On peut encore s'assurer de l'insuffisance de l'épaisseur de ces murs, en la comparant à celle qui a été donnée aux murs de quai du nouveau bassin du Havre. Une épaisseur presque double, un talus plus grand dans le parement, un terrain peut-être plus solide, une hauteur à-peu-près égale, des matériaux bien choisis, bien maçonnés, des entrepreneurs expérimentés pour conduire l'ouvrage, et des ingénieurs remplis de zèle et de mérite pour les surveiller, ont à peine suffi pour rassurer sur les inquiétudes qu'a données un moment la poussée des terres, sans pourtant avoir produit d'effets dangereux.

Enfin si l'on appelle à son secours la théorie *(a)*, on trouvera

---

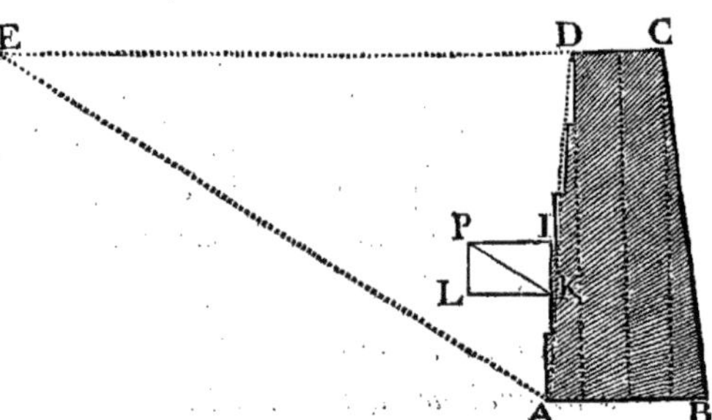

(a) Soit $ABCD$ le profil d'un mur de quai, dans lequel, pour plus de simplicité, on supposera que les retraites au derrière ont la même influence à l'égard du centre de gravité, que le talus du parement; c'est-à-dire que nous supposerons que le centre de gravité est dans la verticale qui passerait par le milieu de AB.

Représentons par m et n le rapport de la base du talus des terres à leur hauteur, c'est-à-dire que $ED : DA :: m : n$.

par le calcul de la poussée des terres d'après les données résultant de l'expérience, qu'il était impossible que ces murs résistassent, puisque leur épaisseur est beaucoup au-dessous de celle qui est nécessaire à l'équilibre, tandis qu'il était indispensable de les mettre dans le cas d'une stabilité rassurante contre les événemens imprévus.

L'épaisseur des murs de quai et murs de soutenement de terrasse, doit varier à raison de la hauteur des terres qu'ils ont à soutenir, et à raison de la fluidité du terrain qu'ils contiennent. Lorsqu'il s'agit de déterminer cette épaisseur, il faut préalablement s'assurer quelle est l'inclinaison du talus suivant lequel les terres, abandonnées à elles-mêmes, peuvent se soutenir naturellement, connaître le poids de ces terres, celui de la maçonnerie et le talus qu'on doit donner au parement du mur, pour satisfaire aux usages auxquels on le

---

Exprimons la hauteur du mur par h, le talus par t, et l'épaisseur du mur à sa base par x.

Supposons que PK soit la résultante de toutes les forces tendant à pousser le mur; que par conséquent le point K soit au tiers de la hauteur AD; que le mur soit tellement construit, qu'il ne puisse tomber qu'en masse en tournant autour du point B. Soit P le poids d'un pied cube de maçonnerie, p le poids d'un pied cube de terre.

La surface du profil du mur sera exprimée par $(x - t).h$, et le moment par rapport au point B sera $(x - t)\frac{hPx}{2}$. La surface du profil ADE sera $\frac{mh^2}{2n}$, qui, multipliée par p, exprimera la force agissante suivant $PK = \frac{mph^2}{2n}$; pour avoir la force agissante suivant LK, on fera la proportion $AE : ED :: PK : KL$, ou bien $\sqrt{(m^2 + n^2)} : m :: \frac{mph^2}{2n} : KL = \frac{m^2ph^2}{2n\sqrt{(m^2 + n^2)}}$. Le moment, par rapport au point B, sera $\frac{m^2ph^2}{2n\sqrt{(m^2 + n^2)}} \times \frac{h}{3} = \frac{m^2ph^3}{6n\sqrt{(m^2 + n^2)}}$; dans le cas de l'équilibre, les momens doivent être égaux : on aura donc $\frac{hP}{2}(x^2 - tx) = \frac{m^2ph^3}{6n\sqrt{(m^2 + n^2)}}$; en divisant par $\frac{hP}{2}$, on trouvera $x^2 - t.x = \frac{p}{P}\frac{m^2h^2}{3n\sqrt{(m^2 + n^2)}}$.

En résolvant cette équation, on trouve $x = \frac{t}{2} \pm \sqrt{\left(\frac{p}{P} \times \frac{m^2h^2}{3n\sqrt{(m^2 + n)}} + \frac{t^2}{4}\right)} = AB$, ou la base du mur.

Telle est la formule dans laquelle il s'agit de substituer les quantités données

destiné : faute de s'être assuré de l'exactitude de ces données par des expériences bien faites, on court risque de trouver pour résultat de calculs exacts, une erreur d'autant plus funeste, qu'elle aura l'apparence de la vérité.

Les connaissances théoriques des ingénieurs qui ont projeté ces travaux, ne permettent pas de croire qu'ils aient été entrepris sans calculs préalables : on a même lieu de penser qu'étayés par une théorie exacte, dans laquelle s'étaient sans doute introduites de fausses données, ils ont cru perfectionner l'art, en s'écartant, autant qu'ils l'ont fait, de ce qui se pratique ordinairement. Cette opinion paraît d'autant plus fondée, que l'ingénieur Lefebvre a fait exécuter des murs de quai au bassin de Cherbourg, d'une épaisseur au moins double de celle qu'il a donnée aux murs du canal de l'Orne, sans

---

résultant d'expériences bien faites, pour trouver l'épaisseur du mur à sa base.

Quoique les retraites au derrière des murs de quai du port de Caen tendent à reporter le centre de gravité vers le parement, un peu plus que ne le ferait un talus égal à celui du parement; cependant, sans erreur sensible, on peut se servir de cette formule, en observant que le résultat sera un peu faible.

Pour appliquer la formule générale aux murs de quai, il s'agit d'avoir les valeurs en nombre des quantités h . t . m . n . p et P. On trouve dans le devis que les murs doivent avoir vingt pieds de hauteur, et que le parement doit être élevé avec un fruit d'un pouce pour pied; on aura donc $h = 20^{ps}$ et $t = 1^{p}\ 8^{o}$.

On peut se dispenser d'avoir m et n ; il suffit seulement de connaître leur rapport, qui est celui de la base à la hauteur du talus des terres. Les rapports des ingénieurs et les écrits des entrepreneurs attestent que les talus ont toujours été de 2 $\frac{1}{4}$ de base pour un de hauteur ou 66 degrés 6 minutes; dans ce cas, le rapport $m : n$ deviendra $9 : 4$.

Il ne reste plus qu'à connaître p et P, ou seulement leur rapport; mais, sur cet objet, la Commission n'ayant rien trouvé dans les papiers qui lui indique le poids des terres et de la maçonnerie, elle a eu recours à l'expérience, en faisant peser la pierre, la chaux, le sable et la terre, et elle en a conclu que $\frac{p}{P} = \frac{120}{135} = \frac{8}{9}$.

En substituant dans la formule ces quantités aux lettres, on trouve que x ou AB égale 16 degrés, 487 ; et comme on a dit plus haut que le résultat serait un peu faible, on peut regarder l'épaisseur de 17 degrés à la base, comme établissant, à bien peu de chose près, l'équilibre entre la poussée des terres et la résistance du mur.

pouvoir

pouvoir trouver dans les localités la raison de cette différence. Les dessins des travaux fournissent encore une preuve que ce sont de fausses données qui ont produit l'erreur.

En effet, on remarque que le talus des déblais pour la fouille de l'emplacement des murs, est tracé sur un angle de quarante-cinq degrés; et dans cette supposition, d'après laquelle aura été calculée la poussée des terres, il est certain que l'épaisseur du mur est presque suffisante, ainsi qu'on peut s'en assurer en substituant dans la formule générale rapportée à la note (*a*), l'unité à la place de m et n (*b*).

Tout concourt donc à prouver que la cause principale du déversement des murs est le défaut d'épaisseur : mais elle n'est pas unique; plusieurs autres causes secondaires, qu'il faut attribuer à l'entrepreneur, se sont jointes à la cause principale.

Les efforts des ingénieurs pour obtenir des précautions qui missent les travaux à l'abri des imperfections, furent impuissans. L'entrepreneur, par la nature de son marché, était le maître absolu des moyens d'exécution; et cette prérogative fut exercée, par ses agens, au détriment de ses intérêts, et au mépris des avis salutaires qui leur furent donnés.

Des avaries multipliées, produites par les mauvaises dispositions des batardeaux et des machines à épuiser, et le peu de précautions prises pour arrêter ou empêcher les éboulis des talus, ont retardé la pose des grillages. Le fond des fouilles et les talus se sont liquéfiés par l'agitation et sont devenus sans consistance. La poussée des terres fut tellement augmentée, que souvent les grillages ont été poussés vers le canal avant d'avoir eu le temps de les charger de maçonnerie; d'autres fois, le grillage et la maçonnerie étaient emportés par des remblais liquides que, mal à propos, on plaçait au derrière. Dans certains

(*b*) Si, laissant toutes les quantités les mêmes que dans l'application précédente, on suppose le talus des terres de quarante-cinq degrés, ce qui donne $m = n$, on pourra les représenter l'un et l'autre par 1, et l'on trouvera $x = 10$ ds. 024, ou 10 ds. 0°. 3 lig.

cas, les pilotis étaient poussés vers les terres de deux ou trois pieds, par l'effort du batardeau trop rapproché ; quelquefois des gonflemens du fond, occasionnés par les éboulis, ont soulevé et mis la plate-forme dans une situation inclinée, sans qu'il y ait été remédié. Très-souvent l'inactivité des épuisemens permettait à l'eau, chargée de vases, de monter sur les maçonneries; elle y détrempait les mortiers, les couvrait de vases, et par-là empêchait l'adhérence des nouvelles couches de maçonnerie avec les anciennes.

On peut ajouter à toutes ces causes, celles résultant des maçonneries exécutées avec peu de soin. Les paremens n'ont pas de liaisons suffisantes avec la maçonnerie brute; celle-ci est composée de moellons trop petits et sans liaison.

Le parement contre les terres est aussi composé de moellons trop petits, et qui n'ont pas la liaison convenable (*c*).

Telles sont les causes physiques principales et secondaires auxquelles la Commission croit devoir attribuer le déversement de presque tous les murs de quai du port de Caen, et la chute de quelques parties.

Moyens de remédier au mauvais état des travaux et de les utiliser.

Il est impossible de se dissimuler que, quelque projet que le Gouvernement adopte pour la formation d'un port sous les murs de Caen, il faut un temps très-long et de très-grandes dépenses pour son exécution.

Dans les propositions que va faire la Commission, son objet principal est de procurer une prompte jouissance de ce qui est fait, sans contrarier en rien les projets ultérieurs qui pourraient être proposés en remplacement de celui qui a été entrepris en 1786 *(v. st.)*, et qui, l'on ne peut s'empêcher d'en convenir, n'aurait jamais eu une

---

(*c*) L'énumération de ces vices de construction a été prise dans les différens rapports des ingénieurs qui ont dirigé les travaux, et confirmée par les informations que les commissaires ont recueillies avec soin.

grande utilité pour le commerce. Cette jouissance ne peut être complète qu'après l'exécution totale du projet qui sera adopté; mais au moins peut-on espérer d'avoir, avec peu de dépense, une retraite sûre pour les petits navires dans un temps très-peu reculé, et la perspective, pour la suite, d'une superbe navigation pour les plus grands bâtimens de commerce.

N'ayant rien sous les yeux de mieux combiné que le projet du C.en Cachin, ingénieur en chef du Calvados, la Commission en a adopté l'ensemble; et elle pense qu'en cela elle satisfait, aussi complétement qu'il est possible, aux intentions du Gouvernement. Les dispositions générales lui ont donc paru parfaitement présentées. Quant aux détails, elle n'a pas cru devoir s'en occuper, parce que l'auteur existe pour développer et perfectionner son ouvrage; mais les accessoires du port, pris séparément, lui ont paru susceptibles de quelques modifications, qui ont pour objet de faire jouir plus promptement la commune et le commerce de Caen des ouvrages exécutés jusqu'à présent.

Cet ingénieur propose de supprimer tout-à-fait le mur du côté du nord, parce que, donnant à son bassin une plus grande largeur, il devient inutile; il se fonde sur ce que ce mur étant en partie renversé, il n'y a nul inconvénient à le démolir en entier.

La Commission ne partage point sans réserve cette opinion; elle pense, avec le C.en Cachin, que l'on peut supprimer tout-à-fait une portion de ce mur : mais il y a une longueur d'environ cent cinquante toises qui lui paraît devoir être conservée; c'est la partie supérieure du canal Saint-Pierre, dont il serait d'autant plus fâcheux de perdre les ouvrages, qu'il y a peu de chose à faire pour leur donner la solidité convenable et les élever à toute hauteur. D'ailleurs, elle ne voit pas l'utilité bien démontrée du surcroît de dépense que cette opération occasionnerait, parce qu'il est de fait que le nouveau projet, en offrant seulement un bassin plus large, ne présente pas plus de développement de murs de quai que l'ancien; et c'est principalement à ce but que l'on doit tendre dans les établissemens maritimes, quand d'ailleurs on trouve les espaces suffisans pour tous les mouvemens des vaisseaux.

Le projet n'en restera pas moins intact, à cette différence près que le principal bassin sera un peu moins long, et que l'ensemble présentera une forme un peu moins régulière, mais sans qu'il en résulte de préjudice sensible pour le commerce : ce léger désavantage, si c'en est un, sera bien compensé par une grande économie.

La Commission propose donc de conserver et perfectionner, ainsi qu'il sera dit ci-après, environ cent cinquante toises de longueur du mur fondé et élevé de onze à douze pieds de hauteur, au-devant du jardin de Courtonne; ne prononçant point au surplus sur la forme et l'étendue qu'il sera convenable de donner à la partie inférieure, dont la longueur est encore d'environ deux cents toises, et qui est susceptible d'être traitée absolument de la manière indiquée dans le projet du C.en Cachin, pour l'entrée du canal de navigation et la disposition des écluses.

Après avoir examiné avec attention les différens moyens qui ont été proposés pour donner aux murs une solidité dont ils manquent évidemment, la Commission a pensé que le plus sûr pour obtenir cette solidité, est de faire actuellement ce qu'il eût fallu faire quand on a construit les murs, c'est-à-dire, leur donner l'épaisseur qu'indique le calcul; de cette manière l'on ne peut errer, et l'on ne court point les risques auxquels on s'expose quand on adopte des conjectures ou des comparaisons qui pêchent dans leurs élémens, ou enfin quand on conclut d'après des expériences faites en petit. Elle n'a rien voulu donner au hasard; la dépense n'a point dû l'effrayer.

N'est-il pas certain que, si dans le principe on eût bien connu le talus naturel des terres, on aurait donné aux murs l'épaisseur convenable pour les garantir du malheur qu'ils ont éprouvé? La toise courante alors aurait coûté environ 250 francs de plus : il faut donc regarder cette somme comme inhérente à la toise courante du mur pour être solidement construit; et la perte ne résulte que des accessoires pour nouveau déblai de terres, épuisemens, étrésillonnemens, et autres opérations.

Cet excédant de dépense pourra monter à 150 francs par toise courante; ce qui formera en total une somme de 75 à 80 mille francs, qui, en dernier résultat, peut être regardée comme la perte effective que fait le Gouvernement sur cette partie de l'entreprise.

Mais, pour que pendant l'hiver ces murs n'éprouvent aucun accident, ce qui pourrait arriver si l'on ne prend des précautions pour les en préserver, et ce qui incontestablement aurait déjà eu lieu sans les vases dont ils sont empiétés et sans les eaux qui se tiennent constamment à neuf pieds de hauteur, la Commission pense qu'on ne peut trop se hâter de faire deux opérations qu'elle regarde comme indispensables : la première est de rétablir le batardeau de Vaucelles, et d'empêcher ainsi les eaux de la rivière de s'élever dans le canal; la seconde est de déblayer le derrière des murs de quai de neuf pieds de hauteur, afin d'éviter l'effet des terres dont la poussée devient dans cette saison plus considérable, en raison de l'augmentation de poids et de propension à une plus grande fluidité, que l'humidité dont elles sont pénétrées leur fait acquérir. Ce travail ne sera point perdu, puisqu'il prépare le local à l'opération postérieure du renforcement des murs. La Commission pense que 20 à 25 mille francs suffiront pour ce travail, et qu'il est urgent de mettre cette somme à la disposition de l'administration, pour commencer sans retard.

Il reste à indiquer le moyen de consolider ces murs.

On a vu précédemment que le calcul donne pour l'épaisseur nécessaire dans les circonstances où l'on est, 16 pieds 487 pour l'équilibre exact. La Commission pense qu'il faut s'élever au-dessus de cet équilibre, et propose de donner dix-sept pieds au niveau du dessus des fondations. Or comme ils en ont neuf, c'est une addition de huit pieds à faire; et l'on donnera à la fondation un pied de plus, ce qui porte à neuf pieds l'augmentation d'épaisseur de cette partie des murs :

au-dessous de la maçonnerie on fera un grillage à-peu-près de même forme que celui existant. Pour éviter les trop grands déblais, et donner encore plus de liaison à tout le système, on battra, au derrière de cette fondation, une file de palplanches jointives de douze pieds de longueur, dont la tête arrasera le dessus de la fondation, à la hauteur des longrines de l'extérieur, et l'on prendra d'ailleurs les précautions nécessaires, en étrésillonnant cette espèce de coffre, de manière qu'il ne cède point à la poussée des terres pendant le travail.

Au-dessus des fondations, le mur s'élèvera sur un surcroît d'épaisseur de huit pieds jusqu'à quatre de hauteur. A ce point on se retraitera de trois; et comme il y a dans les murs actuels une retraite de six pouces, la maçonnerie additionnelle sera réduite à cinq pieds six pouces, aussi sur quatre pieds de hauteur. Là, on rentrera de nouveau de trois pieds, en réduisant cette dernière épaisseur à trois pieds, à cause de la deuxième retraite de six pouces qui se trouve à ce point. Les huit pieds supérieurs n'auront pas besoin de surépaisseur; car on conçoit que la poussée étant représentée par un prisme triangulaire, elle est réduite à zéro au sommet, et que par conséquent la résistante pourrait également être zéro si l'on n'avait pas besoin d'une épaisseur pour un autre objet que pour résister à la pression. Une autre raison encore pour laquelle on n'a pas besoin d'une plus grande épaisseur dans les huit pieds supérieurs, c'est que les terres à cette hauteur n'étant plus aussi fluides que dans le fond, se profilent sous un talus beaucoup moins alongé : celui de quarante-cinq degrés est certainement admissible dans le calcul à cette hauteur; il donne sous cet angle, pour l'épaisseur nécessaire, moitié à-peu-près de la hauteur qu'il y a à supporter, c'est-à-dire, dans le cas présent, quatre pieds; et les murs en ont six et demi.

En voilà suffisamment sur cet objet pour démontrer la solidité de l'augmentation que l'on propose, et pour assurer, ainsi que la Commission s'en est rendu compte, que 400 francs par toise courante suffiront pour parvenir à garantir les murs contre la poussée des terres, sans d'autres secours que la force résultant de leur propre construction.

Le C.en Cachin a proposé un autre moyen qui présente deux objets d'utilité, celui de consolider les murs qu'il conservait, par un canal additionnel, qui servirait en même temps à donner un débouché aux eaux des petites rivières d'Odon, et qui, en raison de ce double avantage, semblait devoir obtenir la préférence sur celui qu'on vient de proposer.

La Commission, frappée de cette idée ingénieuse, et considérant la nécessité d'éloigner du bassin et des canaux, après la perfection des ouvrages, toutes les eaux qui pourraient y favoriser des atterrissemens, n'aurait point balancé à l'adopter, sans les observations qu'elle va présenter.

Les dimensions de ce canal ne sont point indiquées dans le mémoire du C.en Cachin; la Commission a donc dû en supposer qui convinssent au volume d'eau que le canal doit recevoir : or, dans les grandes crues, c'est estimer bien peu que de porter à douze pieds de largeur et à sept pieds d'élévation les dimensions de cet aqueduc; on peut même assurer qu'il y aurait très-souvent engorgement par le cours des seules eaux des Odons, même en supprimant le bras de l'Orne qui arrive sous le pont Saint-Pierre, comme le propose cet ingénieur. Mais admettons que ces dimensions soient suffisantes; quelle dépense n'exigerait pas un tel ouvrage, fondé sur un radier général, avec des précautions telles, que le dessous du mur auquel il serait adapté, ne reçût point l'impression que l'on doit prévoir qu'il donnera à des terres qui, par leur nature, participent plus ou moins à la fluidité que leur communique l'eau qui les entoure? La Commission s'est rendu compte de la dépense que ce travail exigerait, et elle l'évalue au moins à 800 francs la toise courante. Mais ce n'est pas seulement dans la longueur des murs actuels que ce canal doit s'étendre; il convient de le prolonger d'environ cent cinquante toises en remontant le lit actuel de la rivière, et peut-être même plus loin encore jusqu'au pont Saint-Pierre, si l'on veut profiter du terrain qu'il rendra à des constructions qui embelliraient les accès du port. On doit donc compter au moins cinq cents toises de longueur de ces murs; *ce qui ferait une dépense de 400,000 francs, excédant de 260,000 francs environ celle du renforcement du mur que propose la Commission.*

Il est vrai que ce renforcement ne procure pas l'avantage indiqué dans le mémoire du C.en Cachin, de tirer les eaux des rues qui aboutissent aux quais; mais on conçoit que le petit égout qu'il faudrait construire pour remplir cet objet, serait d'une dépense peu considérable, d'autant plus qu'il pourrait être réduit à une bien moindre longueur en le faisant partir seulement de la rue du Port, et en achevant le reste à découvert au moyen d'un ruisseau pratiqué avec soin sur le quai.

Mais comment les Odons s'écouleront-ils? Cette difficulté est facile à résoudre: on peut les détourner par le bras de l'Orne qui circule dans la commune de Caen, et dont les eaux se réunissent, au pont Saint-Pierre, à celles des Odons. Ce bras n'a point ou presque point de pente : avec une légère dépense, on lui en donnera une contraire à celle qu'il a actuellement, et qui facilitera l'écoulement de toutes les eaux sous le pont de Vaucelles.

La Commission a senti que l'on pourrait faire une objection contre ce moyen; on peut dire : Si le débouché par le pont Saint-Pierre ne peut pas suffire avec celui de Vaucelles pour l'écoulement des eaux de toutes les rivières supérieures à Caen pendant l'hiver, il serait mal-adroit d'en supprimer un. Sans doute cette objection serait fondée, s'il n'y avait pas de moyen de procurer aux eaux un débouché bien plus considérable qu'elles n'auraient suivant le projet du C.en Cachin, et même dans l'état actuel des choses. Si donc, au lieu de douze pieds que nous avons supposé qu'aurait le canal, ou même vingt-quatre qu'a le pont Saint-Pierre, on trouvait le moyen de donner à celui de Vaucelles trente ou quarante pieds

de

de débouché plus qu'il n'a, on aurait, sur le projet du C.en Cachin, un grand avantage de ce côté; et comme il a été démontré plus haut que le projet de consolidation des murs, proposé par la Commission, épargnerait environ 260,000 francs, il est évident que l'on trouvera, au moyen de cette économie, ce qu'il faut pour reconstruire le pont de Vaucelles, dont l'état ne peut qu'exiger, sous peu d'années, une reconstruction. Si, à cet avantage de trente à quarante pieds de débouché de plus, on ajoute celui qui résultera de la suppression des barrages supérieurs à ce pont, et qui forment des obstacles énormes à l'écoulement des eaux, on trouvera que, de l'économie proposée par la Commission, il résultera, 1.° la reconstruction bientôt nécessaire d'un pont de conséquence; 2.° le plus prompt écoulement des eaux supérieures à Caen, et par conséquent la disparition d'une grande partie des inondations, qui font un grand dommage à une vaste étendue de prairies précieuses, et incommodent infiniment les habitans de Caen.

Ce projet peut être adopté sans aucun inconvénient, et sans exiger une prompte exécution, qui peut être reculée jusqu'à ce que les bassins et le canal à la mer soient tout-à-fait terminés, enfin jusqu'à l'entière perfection du projet général. Effectivement, il y a plus d'avantage que de dommage à attendre, dans l'état actuel des choses, de la continuation de l'écoulement des eaux des rivières dans les nouveaux canaux, tant qu'ils ne seront pas mis à toute la profondeur qu'ils auront par la suite; car les vases dont les eaux de la mer montante sont chargées, se déposent à sa retraite; et il est avantageux d'avoir un courant qui les repousse avant qu'elles aient pris de la consistance. Le retardement résultant du manque de moyens pour exécuter ces travaux, ne peut donc point en apporter dans la jouissance prompte des ouvrages exécutés jusqu'à ce moment, aussitôt qu'ils seront consolidés et perfectionnés comme la Commission vient de le proposer.

Il ne reste plus qu'à parler du pont tournant.

Ce n'est point ici le lieu d'examiner cet ouvrage dans ses détails : il est exécuté; il n'y a plus, pour ainsi dire, qu'à le placer. Doit-on le faire? ou doit-on perdre le fruit d'une dépense considérable? Il n'y a point à balancer. La Commission pense que, tel qu'il est, il doit être mis en place; mais comme il est évident à ses yeux que la charpente n'a point la solidité suffisante pour résister, sous une aussi longue portée, à la force d'inertie des bois livrés à leur propre poids pendant le temps des révolutions du pont; qu'il en résulte que, sous très-peu de temps, ils éprouveraient un jeu qui empêcherait ses mouvemens; comme d'ailleurs elle n'a pu être de l'avis des différens moyens qui ont été proposés pour le consolider, et qui prouvent qu'on a jugé, comme la Commission, combien peu on l'a cru solide, elle va proposer celui qu'elle croit le plus convenable et le moins dispendieux, après avoir succinctement donné les motifs qu'elle a de ne point adopter ceux qui lui ont passé sous les yeux.

Par l'un de ces projets, on propose d'augmenter la force des bois par une addition d'autres pièces. Mais on n'a probablement pas songé que ce pont est entièrement taillé et assemblé, que les piles en sont tout-à-fait terminées, les armemens en fer posés, et qu'une addition à ce système est impossible dans ce moment, sans perdre le fruit d'une grande partie des dépenses.

Par le second, l'on propose de battre au milieu du passage une file de pieux recouverte de chapeaux sur lesquels le pont viendra s'appuyer. Mais cela ne remédie point à l'effet qui aura lieu pendant les révolutions. D'ailleurs, quand un ingénieur a cru sans doute qu'il fallait donner un passage de cinquante pieds, est-il proposable de le réduire à vingt-trois environ? et quelle solidité auroit cette quille au milieu de l'eau, si un bâtiment en passant venait s'y heurter?

Le passage de cinquante pieds est trop grand; c'est un fait: il peut être réduit, sans aucun inconvénient, à vingt-sept ou vingt-huit. Il est donc facile de battre, à onze pieds de distance de chacune des piles, une file de pieux sur laquelle on posera des chapeaux qui supporteront des traversines, lesquelles porteront, à leur autre extrémité, sur les piles; et sur le tout on établira un plancher de madriers. On pratiquera dans le plancher du pont, des écoutilles pour descendre sur cette charpente quand le pont sera fermé; et l'on sent qu'au moyen de deux forts verrins fixes, et de pièces appliquées aux fermes du pont, on pourra le supporter, et le soulever même de manière à soulager les assemblages, et donner une grande force aux bois, dont la portée peut être réduite de plus de moitié de leur longueur. Ce moyen simple, qui remédie à la faiblesse du pont quand il est livré au passage, a encore l'avantage de parer à une partie des inconvéniens résultant de l'abandon où il est pendant les révolutions, parce que l'effet des verrins étant énorme, doit nécessairement faire revenir à leur place les assemblages quand ils se désuniront; et d'ailleurs le pont ne portant plus pour ainsi dire sur les roulettes et sur le pivot, et ne s'appuyant au contraire que sur les culées d'un côté et sur les verrins de l'autre, sa pesanteur et le poids des voitures pendant le passage, redonneront nécessairement aux bois, qui pendant les révolutions tendent à s'arquer, leur forme première.

On conçoit facilement combien peu sera dispendieuse cette opération, qui ne dérange rien aux dispositions d'un pont qui doit durer jusqu'à ce que le projet général le supprime.

Tel est l'avis de la Commission sur les moyens de remédier au mauvais état des ouvrages de la rivière de Caen, et de les utiliser. En résumé, il est à propos, quant à présent,

1.° De faire, avant l'hiver, les dispositions nécessaires pour aller au-devant des accidens qui pourraient survenir aux murs pendant cette saison, et qui consistent à rétablir le batardeau de Vaucelles, et à faire au derrière des murs une tranchée de neuf à dix pieds de profondeur;

2.° De renforcer les murs, du côté du midi, par une surépaisseur, telle qu'elle est indiquée dans le cours de cette partie;

3.° De conserver cent cinquante à cent soixante toises courantes du mur fondé et élevé de onze à douze pieds du côté et vis-à-vis du mur de Courtonne, en les renforçant de même ;

4.° D'élever à toute hauteur tous ces murs qui seront conservés, et qui feront cinq cent dix ou cinq cent vingt toises de longueur.

5.° Quand ces ouvrages seront exécutés, détruire le batardeau de jonction des nouveaux canaux et de la rivière, afin d'en livrer l'entrée aux navires de petit tirant qui pourront en pratiquer la navigation.

La Commission ne propose point de déblayer les canaux des vases qui s'y sont amoncelées depuis qu'ils ont été creusés : on sent que ce travail serait inutile, quant à présent, et qu'il doit être réservé pour le temps où le projet général sera perfectionné, et où l'on sera sur le point d'introduire l'eau de la mer dans le canal de navigation et dans le bassin, parce qu'alors on prendra tel parti qu'on jugera convenable pour en éloigner tout-à-fait les eaux douces.

RÉSUMÉ ET CONCLUSION.

La Commission a donné, dans la première partie de ce rapport, une idée générale de tous les projets qu'elle a trouvés dans les papiers qui lui ont été remis. Elle a reconnu et déclaré que celui qui lui a paru le plus simple et le plus avantageux, le seul même qui puisse assurer la navigation jusqu'à Caen, est celui du C.en Cachin ; elle en a conclu qu'il mérite toute l'attention du Gouvernement ; et elle ajoute ici que tout se réunit en faveur de ce projet pour le faire adopter, en chargeant son auteur de dresser tous les plans de détail et les estimations, pour faire connaître et les moyens d'exécution, et les dépenses sur lesquelles on doit compter.

La deuxième partie fait connaître les bases des opérations de la Commission pour régler les ouvrages. Il résulte du compte qu'elle joint au rapport, qu'eu égard aux pertes que l'entrepreneur a dû essuyer en raison de la dépréciation du papier-monnaie, il lui est dû 20,543 liv. 16 s. 5 deniers ; et qu'au surplus toutes ses réclamations ayant été examinées avec la plus grande justice, il n'a plus rien à prétendre au-delà de cette somme en numéraire.

La Commission n'a point dû prononcer d'une manière absolue sur le sou pour livre, qu'elle n'a pu cependant allouer à l'entrepreneur, jusqu'à ce qu'il ait justifié des pièces légales en vertu desquelles il aurait pu le payer : c'est au Gouvernement à prononcer sur ce point.

Dans la troisième enfin, elle a proposé les moyens qu'elle a crus les plus convenables pour conduire les travaux à leur perfection ; et c'est encore le projet du C.en Cachin qu'elle a adopté pour l'ensemble général : mais elle diffère avec lui d'opinion sur quelques détails ; elle en a donné les raisons.

Cette partie est subdivisée en trois sections :

La première offre l'état des travaux ; la deuxième, les causes de leur dégradation ; et dans la troisième, la Commission propose les moyens d'y remédier et de les utiliser.

L'entrepreneur ayant exécuté beaucoup plus d'ouvrages que son adjudication n'en portait, et la Commission ayant réglé ceux qui outre-passent ses engagemens en raison des difficultés du travail, il n'a plus aucun droit à la continuation des travaux dont la reprise exige des clauses tout autres que celles de son marché. D'après ces considérations, elle a cru devoir conclure à la résiliation, après l'acquittement de la somme qui lui est due : les matériaux, machines et ustensiles qui sont sur les chantiers ou dans les magasins, lui appartiennent, puisqu'ils ne sont point entrés dans le compte ; et il sera libre d'en disposer comme bon lui semblera, mais de manière toutefois que la place soit libre quand on reprendra les travaux.

OBSERVATION.

La Commission doit observer que si elle ne s'est pas servie du nouveau calcul dans tout le cours de son travail, tant pour les francs et centimes que pour les poids et mesures, c'est, 1.° parce que le convertissement aurait exigé un temps très-long ; 2.° parce que la nouvelle nomenclature n'eût pas été commode pour les rapprochemens que l'on sera, sans doute, dans la nécessité de faire. C'eût été un langage qui eût jeté dans des difficultés pour la comparaison des devis et détails et états de situation, avec le règlement de la Commission, sans que, dans l'affaire qu'elle avait à traiter, il pût en résulter aucun avantage.

FAIT et rédigé le présent rapport et procès-verbal, pour être adressé au Ministre de l'intérieur, par nous, commissaires chargés de l'examen des travaux de l'Orne.

A Caen, le 21 thermidor, an 6 de la République française, une et indivisible.

Signé JALLIER, PITROU et GAYANT.

Pour copie conforme :

Le Ministre de l'intérieur,

FRANÇOIS (de Neufchateau).

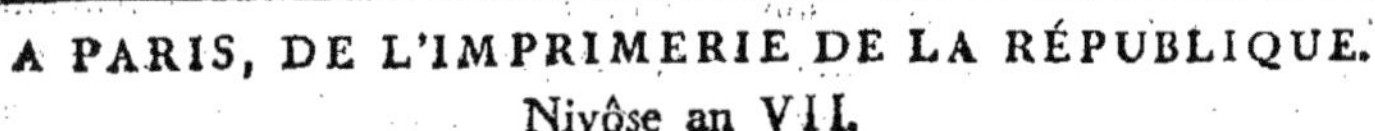

A PARIS, DE L'IMPRIMERIE DE LA RÉPUBLIQUE.
Nivôse an VII.

www.ingramcontent.com/pod-product-compliance
Ingram Content Group UK Ltd.
Pitfield, Milton Keynes, MK11 3LW, UK
UKHW012101240726
13965UKWH00004B/1463